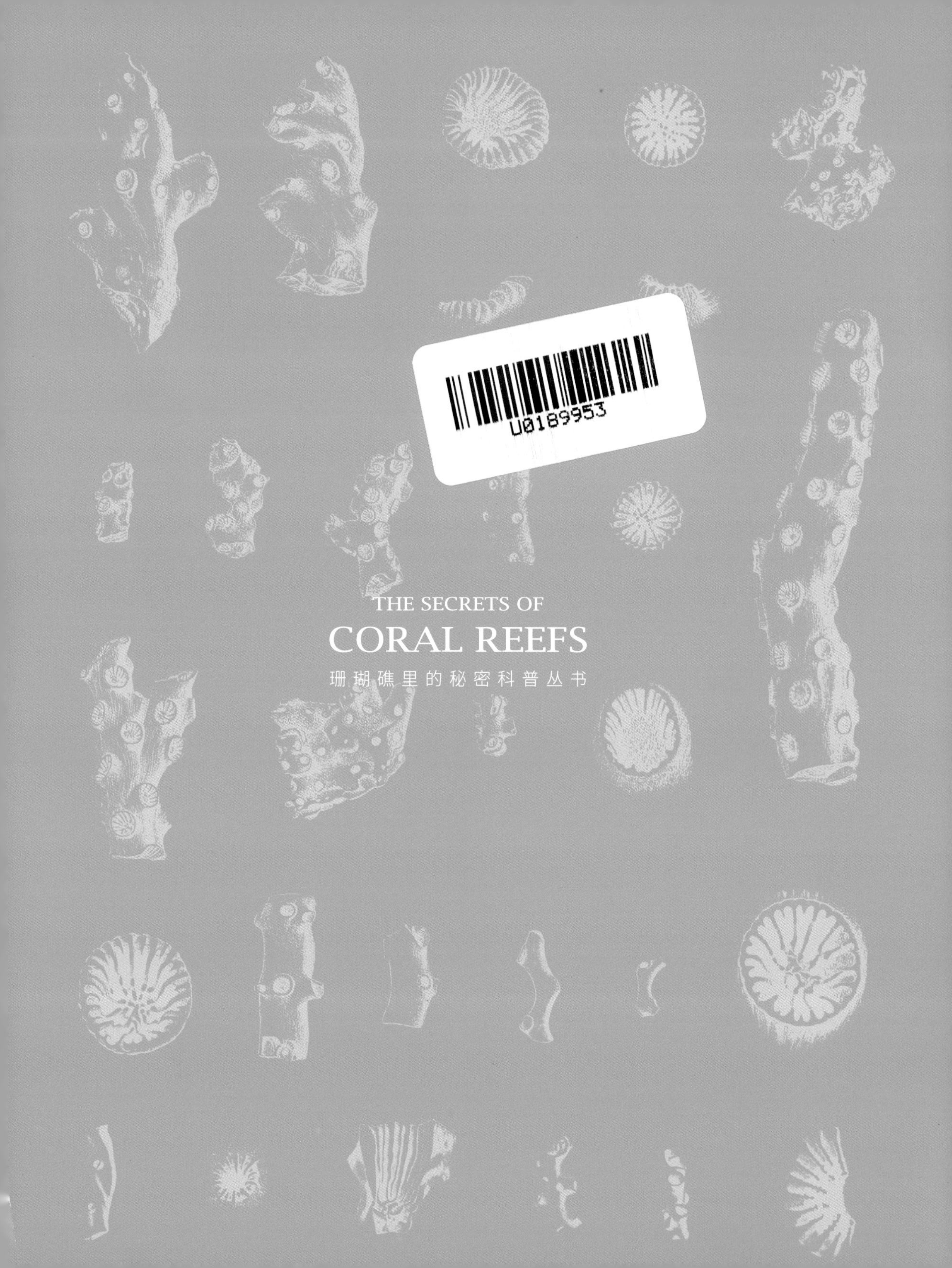
THE SECRETS OF
CORAL REEFS
珊瑚礁里的秘密科普丛书

THE SECRETS OF
CORAL REEFS
珊瑚礁里的秘密科普丛书

黄　晖 **总主编**

珊瑚礁里的食物链

李秀保 ——主编

文稿编撰 / 袁梓铭 郭路平

图片统筹 / 袁梓铭 郭路平 董超

珊瑚礁里的秘密科普丛书

总前言 / Preface

在辽阔深邃的海洋中存在着许多“生命绿洲”，这些“生命绿洲”多分布在热带和亚热带的浅海区域，众多色彩艳丽的生物生活于此、繁荣于此、沉积于此。年岁流转，这里便形成了珊瑚礁生态系统。

这些不足世界海洋面积千分之一的珊瑚礁却庇护了世界近四分之一的生物物种，其生物多样性仅次于陆地的热带雨林，故被称为“海洋热带雨林”。

这里瑰丽壮观、神秘富饶，吸引着人们的目光。

本丛书将多角度、全方位地展示珊瑚礁里的世界，一层层地揭开珊瑚礁生态系统的神秘面纱。通过阅读丛书，你将透过清丽简约的文字和精美丰富的图片去一探汹涌波涛下的生命奇观，畅享一次知识与趣味双收的“珊瑚礁之旅”。同时，本丛书也将逐步揭开人类与珊瑚礁的历史渊源，站在现实角度，思考珊瑚礁生态系统的未来。在国家海洋强国战略的大背景下，合理利用海洋资源、正确开发并切实保护好珊瑚礁资源，更加需要我们认识并了解珊瑚礁生态系统。

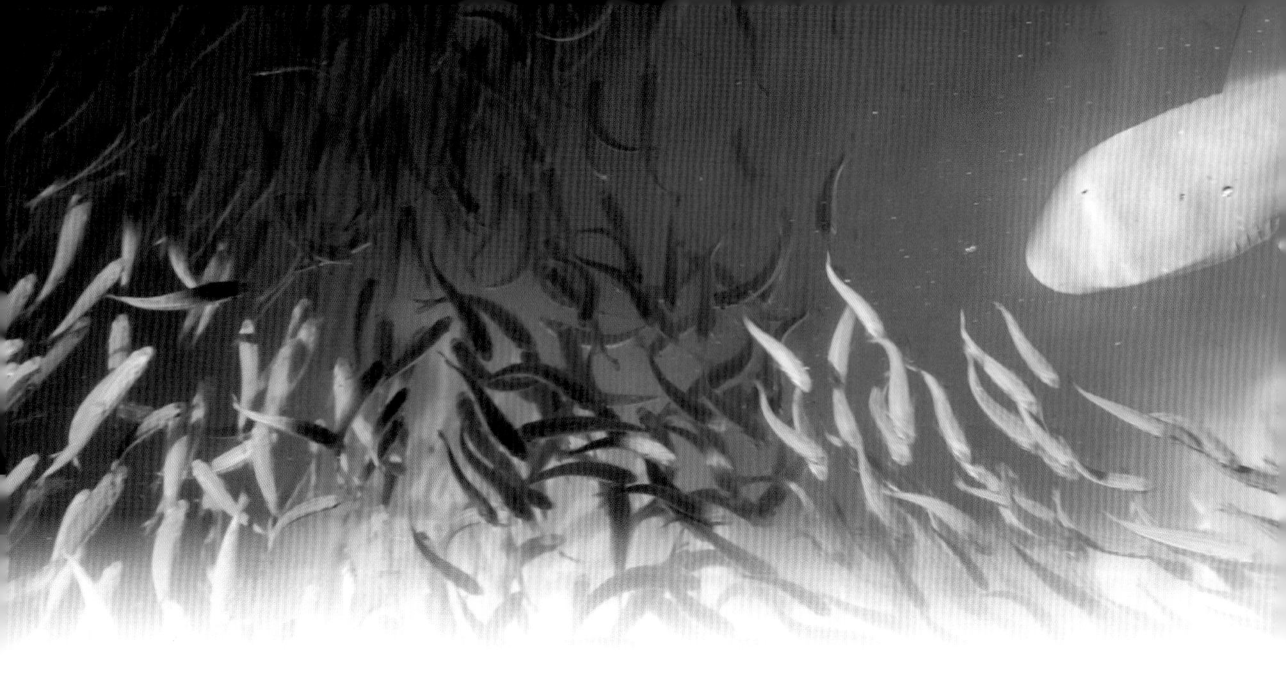

“绛树无花叶，非石也非琼”，诗中的珊瑚美丽动人，但你可知道珊瑚非花亦非树，而是海洋中的动物，是珊瑚礁的建造者。在《探访珊瑚礁》中，你会知晓或如花般摆动或如蒲柳般招展的珊瑚动物的一生，知晓珊瑚礁的往昔。你无须出航也无须潜水，就能“畅游”世界上著名的珊瑚礁群落，领略南海珊瑚礁、澳大利亚大堡礁的风采，初步了解珊瑚礁的分布情况。也可以窥见珊瑚礁中灵动的生命、珊瑚礁与人类的历史渊源。

数以万计的生物共处于珊瑚礁系统中，它们之间有着千丝万缕的联系。这些联系在《珊瑚礁里的食物链》一书中得以呈现。无论是微小的藻类，还是凶猛的肉食鱼类，它们都被一张无形的大网网罗在这片珊瑚礁海域，各种生物的命运环环相扣，息息相关，生命之间的碰撞让这里精彩纷呈。

为了生存，生活在这里的“居民”早就练就了出色的生存本领。

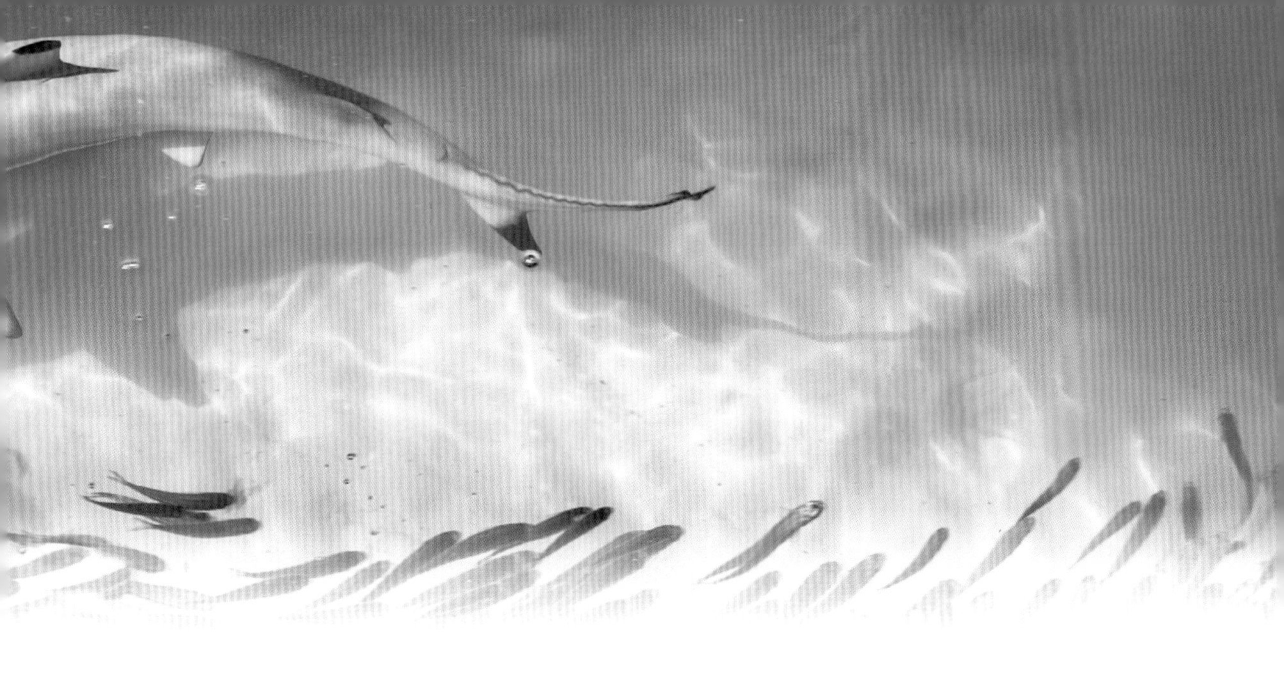

《珊瑚礁里的生存术》带你走近奇妙的珊瑚礁生物，旁窥珊瑚礁“江湖”中的“血雨腥风”，一睹珊瑚礁“居民”的“绝代风华”。它们在竞技场中尽显身手，或遁影于无形或一招制敌……

也许很多人对珊瑚礁生物的最初印象会源于礁石水族箱里色彩艳丽、相貌奇异的宠物鱼，对它们的生活习性却并不了解。《珊瑚礁里的鱼儿》书写了珊瑚礁里“原住民”“常客”“稀客”“不速之客”的生活。书中所述鱼类虽然只是珊瑚礁鱼类的一部分，但也从一个侧面展现了它们的灵动之美和生存智慧。有些鱼儿“鱼大十八变”，不仅变了相貌还会逆转性别，有些鱼儿则演化出非同一般的繁殖方式……

珊瑚礁不仅用色彩装饰着海底世界，更给人类带来了许多的惊喜与馈赠。在《珊瑚礁与人类》中，你将看到古往今来的人们如何发掘利用这一方资源，珊瑚礁如何在万千生命的往来中参与并见证

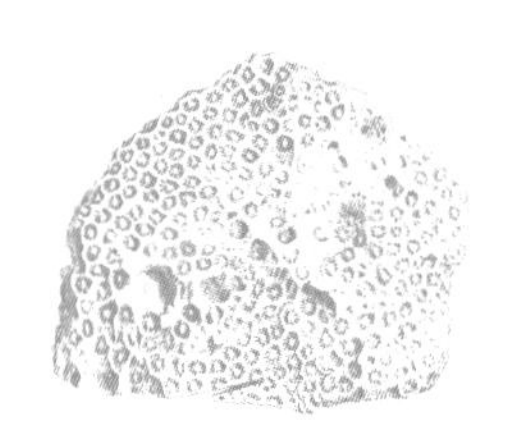

人类社会文明的发展。在这里，你将见到不一样的珊瑚，它们不再仅仅是水中的生灵，更是镌刻着文化价值的海洋符号。你也能感受到珊瑚礁在人类活动和环境变化下所面临的压力。好在有越来越多的“珊瑚礁卫士”在努力探索、不断前行，为守护珊瑚礁辛勤付出。

当你翻过一张张书页，欣赏了千姿百态的珊瑚礁生灵，见识了它们的生存之道，领略了大自然的鬼斧神工，或许关于海洋的“种子”已然在你心中悄然发芽。珊瑚礁里的一些秘密已被你知晓，但珊瑚礁的未解之谜还有很多。珊瑚礁环境不容乐观，珊瑚礁保护与修复道阻且长，需要我们每一个人去努力。■

写在前面 / Foreword

走进珊瑚礁就像打开一本童话书，当你潜入这片充满阳光的海域，绚丽多姿的珊瑚和形色各异的鱼虾映入眼帘，你一定会怀疑自己掉进了童话里的“镜中世界”。这个地方从血肉到骨头都是彩色的，有壮美的“魔法树”，有会跳舞的“花”，也有宝箱那样大的贝壳，无数不可思议的生物生活在这里，美好而平和。

但如果你凑近点看，就会发现这个“镜中世界”并不平静，而是到处充满了刺激的角逐。当你看到鲨鱼一个洞穴一个洞穴地搜索着猎物，小丑鱼无所畏惧地躲进海葵布满刺细胞的触须，你会发现似乎有一种神奇的力量，这力量像一张无形的大网将珊瑚礁中的所有居民紧紧地联系在一起，生命之间的碰撞让这里的故事精彩纷呈。

这就是食物链的力量，它就像穿梭在珊瑚礁中的纽带，将这个生态系统中的所有生物联结在一起，形成一个纵横交织的网，让它们互相追逐或互相依靠。每种生物都有了自己的角色，在这片彩色的“镜中世界”里展开了惊心动魄的“捉迷藏”。为了取得胜利，这些生灵面临着一个又一个选择：是单打独斗还是寻求合作？是低调躲藏还是虚张声势？在漫长的演化过程中它们走上了各自独特的生存之路，磨砺出精妙的生存之道。

就让我们以观察者的视角走进珊瑚礁，走向那些五颜六色的生灵，看看在这“童话世界”里究竟上演着怎样震撼人心的生存游戏吧。■

目录 / Contents

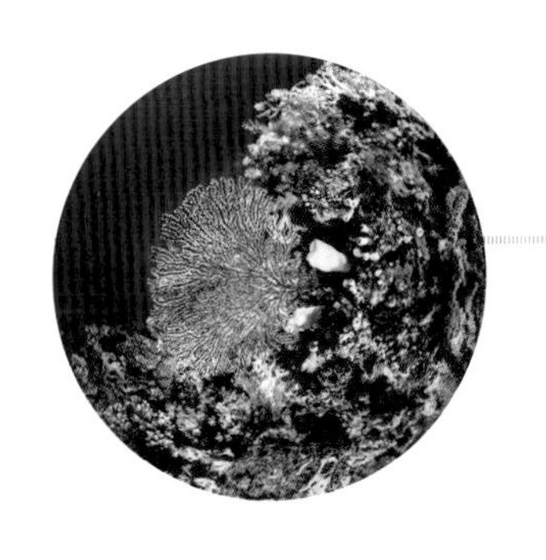

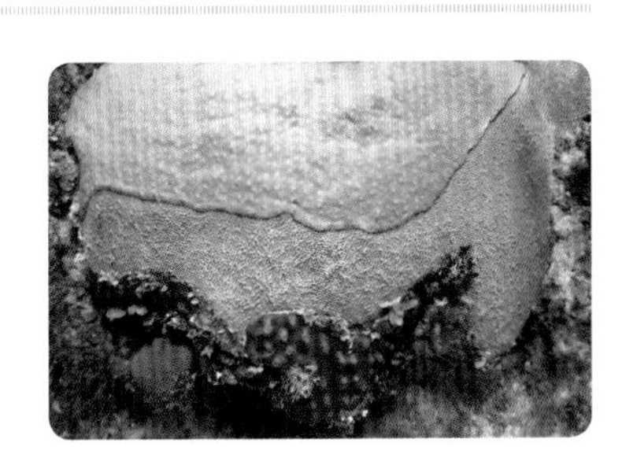

珊瑚礁食物链中的神秘角色 17

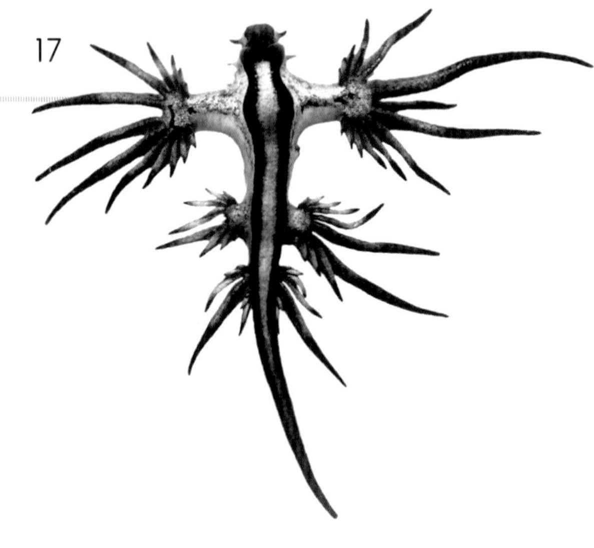

生物多样性最高的海洋生态系统

——珊瑚礁生态系统

海洋——生命的摇篮

地球上大约 71% 的面积都被海洋覆盖着，这颗广袤无垠的蓝色星球旋转在浩瀚的宇宙中已有 45 亿年之久。一直以来，人类不断地探寻着生命起源的秘密，试图为地球上存在的精彩纷呈的生命活动寻找合理的解释，而答案通常会指向这片充满奇迹的巨大水体——海洋。

被人们广泛接受的化学起源学说认为，在远古海洋中，在独特的自然条件下，水体中的无机物逐渐组合为更加复杂的有机物。这些具有生物活性的有机物如同积木一般在无数次的组合和碰撞之中产生了最原始的生物。于是，存在的生命逐渐扩散开来，改变着这颗星球。

海洋是创造奇迹的地方，谱写了生命的序章，蔓延向陆地和苍穹。

独特而充满魅力的珊瑚礁

多彩的珊瑚

珊瑚礁——海洋中的绿洲

也许令人难以置信，作为生命起源的海洋，从总体上来看却是个贫瘠荒凉的地方。与陆地相比，大部分海洋水体缺乏营养物质，藻类等初级生产者难以生长，生产力较为低下，生物量和多样性都比较低，在生态学中称海洋为“生物的荒漠”。

但并不是每一片海域都是贫瘠的，海洋之中存在着一种独特而充满魅力的生态系统，吸引无数人前来探究其中的秘密，它的生物多样性仅次于热带雨林位列地球第二，被誉为“海底的热带雨林”，它便是珊瑚礁生态系统。

大多数人对于珊瑚礁的第一印象便是那一片错落林立的五彩斑斓、形态各异的珊瑚等组成的礁体。的确，所谓珊瑚礁，主要就是由珊瑚虫骨骼日积月累形成。珊瑚虫是一类微小的刺胞动物，它们会在自己的体外制造坚硬的石灰质的外骨骼，当珊瑚虫死亡后，这些骨骼便堆积起来，新的珊瑚虫又在其上继续生长，通过世世代代的不断积累就形成了珊瑚礁。多彩的珊瑚“丛林”和生活在其中的生物构成了珊瑚礁的主体，既美丽又奇特，不禁让人感叹大自然的鬼斧神工。

这样的生态系统是如何形成的呢？

珊瑚礁主要分布在热带和亚热带的浅海，它的形成对环境有着严格的要求。主要造礁生物大多喜欢温暖的海水，在 23℃ ~27℃的水域中生长最为旺盛。又因为大量造礁生物与虫黄藻共生，虫黄藻能够进行光合作用，为造礁生物及珊瑚礁附近的生物提供能量，所以必须有充足的阳光和清澈的海水才能生存。世界珊瑚礁海域的总面积只占海洋总面积的 0.1%~0.5%，却生活着超过 30% 的海洋生物，这令人惊叹的生物多样性离不开其独特的环境。石珊瑚等造礁生物在温暖的海水里创造了复杂的空间结构，为珊瑚礁生物提供栖身之所。珊瑚礁生物种类丰富，形态多样，包括构建礁体的造礁生物、提供生产力的光合藻类、维持生态系统结构稳定的初级和次级消费者以及分解者等，这些生物与周围的环境共同构成了丰富多彩的珊瑚礁生态系统。

复杂多样的珊瑚礁生境栖息着种类繁多的藻类、海绵动物、珊瑚虫、软体动物、甲壳动物以及鱼类、哺乳动物等海洋生物，据估计，珊瑚礁的生物种类在95万种左右，而目前报道的仅有9万余种。我国珊瑚礁主要分布在南海，大量的环礁分布在广阔的南海水域中，而在海南、广东以及台湾等省的沿海也有着发达的岸礁资源。南海诸岛的珊瑚礁总面积约有3万平方千米，在那里分布着大量珊瑚礁生物，有着很高的物种多样性，南海珊瑚礁海洋生物的物种数在整个中国海范围内所占的比例超过60%。

珊瑚礁生态系统有着重要的生态学意义，对整个海洋生态系统乃至全球生态系统都会产生一定的影响。珊瑚礁保护海岸免受风暴的侵蚀和破坏。每年全球约10%的渔业资源来自富饶的珊瑚礁海域，石灰质的礁体在许多地区被用来作为建筑业的原料，而对珊瑚礁海域种类繁多的生物及其相关研究也对医学以及材料科学等领域的研究产生了深远的影响，有着重要的科研价值和开发潜力。珊瑚礁在地球化学循环中有着举足轻重的地位，造礁珊瑚将游离态的二氧化碳固定在含有碳酸盐的礁体中，对于全球范围的碳平衡有着重要的贡献。此外，珊瑚礁也是旅游业的重要资源，据统计，澳大利亚大堡礁每年的旅游业收入可达6.82亿澳元，极大地推动了当地经济的发展。

脆弱的珊瑚礁生态系统

珊瑚礁虽然有着极高的物种多样性和生产力，却也是一个脆弱的生态系统。珊瑚礁生物对环境十分敏感，人类活动对这一美妙的生态系统可能产生致命的影响，水体污染、过度捕捞以及对珊瑚的直接开掘等都可能在一定程度上导致珊瑚礁的退化和消失。

目前全球的珊瑚礁面积剧减，在珊瑚礁海域生活的许多重要物种也濒临灭绝。其中以“珊瑚白化”现象最为严重，珊瑚原本的颜色是白色，但体内共生的虫黄藻使它们呈现出五彩斑斓的样子。当海洋环境发生剧变，珊瑚虫体内的虫黄藻便会死去或者离开，让珊瑚显现出原本的白色。这些珊瑚最终会因为失去虫黄藻的能源供给而“饿死”，变得毫无生机。这一现象已经越来越普遍，引起众多生态学家的关注和多国政府的重视。

对珊瑚礁生态系统的关注和保护迫在眉睫，谁也不希望这些“海底热带雨林”成为仅存在于记忆和文学艺术作品中的故事。认识珊瑚礁、守护珊瑚礁是我们的责任。

本书将带领大家游览美丽的珊瑚礁，探访这里形态各异的生物，通过它们之间的食物链和残酷的生存斗争了解这片神奇的海洋。

解读珊瑚礁食物链

食物链概述

食物链的概念

进食是生物生存最基本的需求之一，生物只有从食物中获取足够的能量和营养物质，才能去完成各项生命活动。因此，吃与被吃，是自然界最为基本的生存法则。大自然中的物种千差万别，每种生物都有自己独特的“品味”。如在海洋中，鳀鱼滤食微小的浮游生物，金枪鱼最喜欢鲜美的小鱼，海胆啃食成片的海藻，海鳝猎杀隐匿的章鱼。所谓食物链就是从绿色植物、微生物或有机物开始，经食草动物（植食动物）至各级食肉动物，依次形成的捕食者与被捕食者的营养关系。

捕食者与被捕食者

食物链的样子

广义的食物链包括捕食链、腐生链和寄生链。

捕食链是由生物之间的捕食关系构成的食物链，腐生链是以分解者利用动植物的遗体以及有机物的碎屑为起点形成的食物链，寄生链描述的则是一些生活史复杂的寄生生物之间的寄生关系。狭义的食物链就是捕食链，也是下面介绍的重点。

每条捕食链都是从生产者开始的。路边的小花小草，森林中的参天大树，海洋中随波起舞的海藻，都是各自生态系统中的生产者。生产者不需要进食，只要有充足的阳光、适宜的水分和少许的无机营养盐就可以茁壮成长，它们通过光合作用合成有机物，在保证种群繁衍生息的同时也为消费者直接或间接地提供食物。

而所谓消费者，就是以其他生物为食的生物，包括以绿色植物等为食的食草动物和猎杀食草动物果腹的食肉动物。这些生物不能像生产者那样利用阳光自己制造有机物。它们生活所需的能量和物质必须从其他生物那里获取，也就是说必须吃掉其他的生物才能得以生存。

在现实情况中，一种生物通常以多种生物为食，同时也被多种生物捕食，这保证了当一种生物消失时其他生物也可以取代其在食物链中的地位。不难想象这会在生物与生物之间形成复杂的网状关系，即食物网。而在食物网中处于同一层级的生物就称为一个营养级，所有自养生物也就是生产者构成了第一营养级，所有的食草动物构成第二营养级，而所有以食草动物为食的食肉动物构成第三营养级，依此类推。

食物链的作用

食物链在生态系统中的作用非比寻常。首先，食物链是自然界中物质循环和能量流动的重要方式，来自太阳的能量通过食物链在生物之间逐级传递，让处于食物链各个层级的生物得以生存和繁衍。其次，食物链使得各种生物联系在一起，并且相互制约。捕食者通过捕杀来控制猎物的数量，以防止其过度繁殖，并淘汰掉老弱病残的个体，使得种群更加健康和优化。反过来，猎物的数量也会随时影响着捕食者的数量，有限的猎物保证了高级捕食者的数量不会变得过多或者过少。食物链在各营养级生物之间创造了一种动态平衡，保证了生态系统的稳定和繁荣。捕食者与猎物都遵循着“优胜劣汰，适者生存”的游戏规则，这些生物在激烈的生存斗争中演化出千奇百怪的捕食与防御策略。有的感官灵敏，眼观六路、耳听八方；有的身手矫健，静若处子、动若脱兔；有的身披铠甲，刀枪不入；有的擅长用毒，杀人于无形……

缺少了以海绵动物为食的神仙鱼和鹦嘴鱼，数量繁多的海绵动物会使得珊瑚窒息。

典型的珊瑚礁食物网

这是一个由多个食物链交叉组成的珊瑚礁食物网。看看你是否能识别出食物网的所有组成部分，使其成为一个功能健全的生态系统。

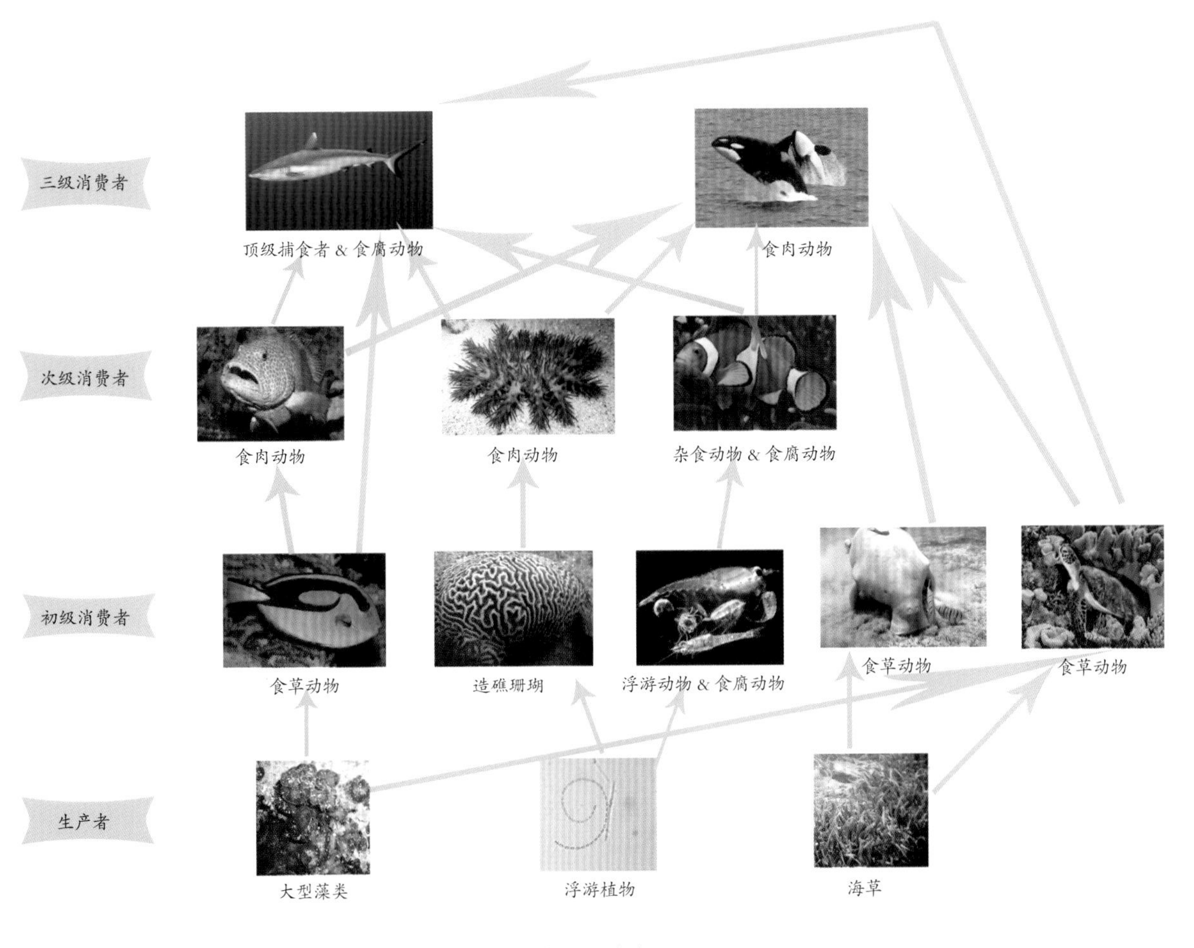

典型的珊瑚礁食物网

生产者——海洋表面的浮游植物、大型藻类、海草，虫黄藻。

初级消费者——浮游动物、珊瑚、海葵和草食性鱼类等。

次级消费者——海龟、海星、鱼类、水母、海蛇和海蛞蝓等。

食腐动物——鱼类等。

珊瑚礁中，随波逐流的微藻、着生在礁石上的大型藻以及珊瑚虫体内共生的虫黄藻等组成了位于食物链底端的生产者。这些光合自养生物通过光合作用合成有机物，是食物链的起点和支柱。

在水流中营漂浮生活的浮游动物主要以数量众多的微藻为食，它们是初级消费者，同时也被称为次级生产者。这些不起眼的浮游动物成为珊瑚、海葵、鱼类乃至须鲸等众多海洋动物的食物，是食物链中十分重要的一环。

食物链中体型较大的生物捕食体型较小的生物，食物的体积会被不断放大，以供给营养级更高的捕食者食用，最终处于珊瑚礁食物链顶端的就是鲨鱼等大型捕食者。

通常，营养级越高，所包含的生物量越少，这是因为通过进食能量在生物之间的传递过程中，会有一定比例的损耗，其中一部分能量包含在未能完全食用和消化的组织里，另一部分能量则在被捕食者的生命活动中被消耗掉了。因此，食物链较底端的生物如浮游生物数量庞大，而处于食物链顶端的大型捕食者则数量稀少，这样的金字塔结构保证了珊瑚礁生态系统的稳定性。

珊瑚礁生态系统的生物多样性很高，每种生物在食物链中都有自己的一席之地，各种捕食者掌握着狩猎和防御的独门绝技。食物链中发生的故事精彩纷呈。接下来我们将走进珊瑚礁，与食物链中那些迷人的角色“亲密接触”。

珊瑚礁食物链中的神秘角色

造礁珊瑚以其形状复杂的骨骼形态和生物特征，造就了海洋中一个独一无二的生态系统，珊瑚礁存在着为数众多的生物，它们在富饶的环境中协同演化，最终构建起微妙的生态平衡。珊瑚礁海域海水清洁、温度适宜、光照充沛，具有适宜各门类海洋生物生长的自然条件。有丰富的浮游植物、浮游动物及底栖藻类和海草等，为珊瑚、海绵等无脊椎动物和鱼类等脊椎动物提供充足的饵料，形成或简单或复杂的食物链。食物链拥有连锁效应，每一个环节都很重要，不可或缺。

不同形态的造礁珊瑚创造了多层次的空间，为各种喜礁生物提供栖息、附着或庇护的场所。物种繁多的生物汇集在珊瑚礁里，构成一个多样性极高的生物群落。

藻类

地球经过了漫长的生物进化，才有了今天物种多样、物资富饶的生物圈。而人类在相对短暂的历史中，就建立了自己灿烂的文明，如今，我们时常仰望星空，看着漫天的繁星，思考人类的起源。进化史常常将我们的思绪引向浩瀚无际的海洋，在那里，诞生了地球生命最初的形态，到今天，这片蓝色的摇篮仍然是我们探索未知时最神秘的领域之一。

那么，海洋究竟蕴含着多么伟大的能量，才足以支撑如此复杂多样的生态系统？而这些能量又来自何处？

我们不得不提到光合作用，光合作用是地球上最为古老，同时也是最为重要的生物作用。它的重要性非同小可，如果没有光合作用，我们很难想象地球的现状。

光合作用以光作为能量来源，运用二氧化碳和水合成碳水化合物并释放氧气作为副产品。光合作用过程包括：

光解作用 生物体内的叶绿素和其他类型的色素，利用光将水分解并释放出氧气，完成以下反应：

$$2H_2O \rightarrow 4H + O_2$$

固碳作用 把氢与二氧化碳化合成碳水化合物，完成以下反应：

$$CO_2 + 2H_2 \rightarrow (CH_2O) + H_2O$$

综合起来，就是光合作用方程：

$$H_2O + CO_2\text{（光照、酶、叶绿素）} \rightarrow (CH_2O) + O_2$$

广阔的海洋中，海藻就是光合作用的主力军。它们有的细如牛毛，甚至肉眼根本看不见，漂浮在海水中被动地随着海水流动，只有通过显微镜才能观察到；有的却可以长到几十米长，植根于海底，如同裙带般随着海水漂动……

在海水中，只有不到 1% 的二氧化碳能被海藻直接吸收，更多的是利用以 HCO_3^- 形式存在的无机碳，通过不同途径转化为二氧化碳。海藻具有的叶绿素或者其他光合色素将这些无机碳经过光合作用固定起来，生成有机物储存于生物体内，从而将太阳能转化为化学能。这就是海洋中能量的主要来源。

这些海藻作为生产者从阳光中获得能量，那么这些能量又如何流向海洋中的其他生物呢？

正如人们所说的“大鱼吃小鱼，小鱼吃虾米”，各种生物通过捕食与被捕食的关系形成食物链，使得生产者固定的能量在整个食物链中传递，维持着整个生物圈物种的生存发展。

食物链的起点是生产者，中间经过低营养级的消费者，最终到达终点——食物链的最高营养级消费者。生物圈中，各种食物链彼此交错，形成了食物网，这个大网络使得整个生物圈可以进行能量传递和物质循环，维持整个生物圈的稳定结构。在一定限度内，生物圈即使受到破坏，也能自我修复，这就是生态系统的自我调节能力。

形态各异的珊瑚礁藻类

到今天，海藻已经不仅仅是海洋生物的能量来源，更是一种重要的海洋资源。人们用海藻制成药物、工业原料、养殖饲料等，有些海藻还成为人类餐桌上的美味，如紫菜。

然而某些藻类的过度生长也会导致不良的后果，如海洋污染导致水体富营养化会造成赤潮爆发，导致一系列海洋生态问题。

我国海藻区系可以分为四个小区：黄海西区、东海西区、南海北区和南海南区。南海北区又可以分为台湾、海南岛、珊瑚岛区系。南海南区的海藻种数最多，占总数的近一半。其中，大型藻类达1 000种以上，这可能与南海的珊瑚礁有关。这些藻类中的大型藻类可以大概分为四个门类：蓝藻门、绿藻门、红藻门、褐藻门；浮游藻类以硅藻为优势种，甲藻次之。

然而最近的一些研究报道却认为，对珊瑚礁的生长和保护来说，大型海藻是一种负影响因素，某些海藻会排斥鱼类和珊瑚虫幼体，促使珊瑚礁退化。大团扇藻、褐藻和丝状乳节藻等常见藻类都是不受珊瑚欢迎的对象，排斥程度甚至甚于一些对珊瑚虫有毒但是体积不大的种类。值得注意的是，海藻对礁群鱼类以及珊瑚虫的影响会传递到整个珊瑚礁生态系统。

海藻与礁群鱼类

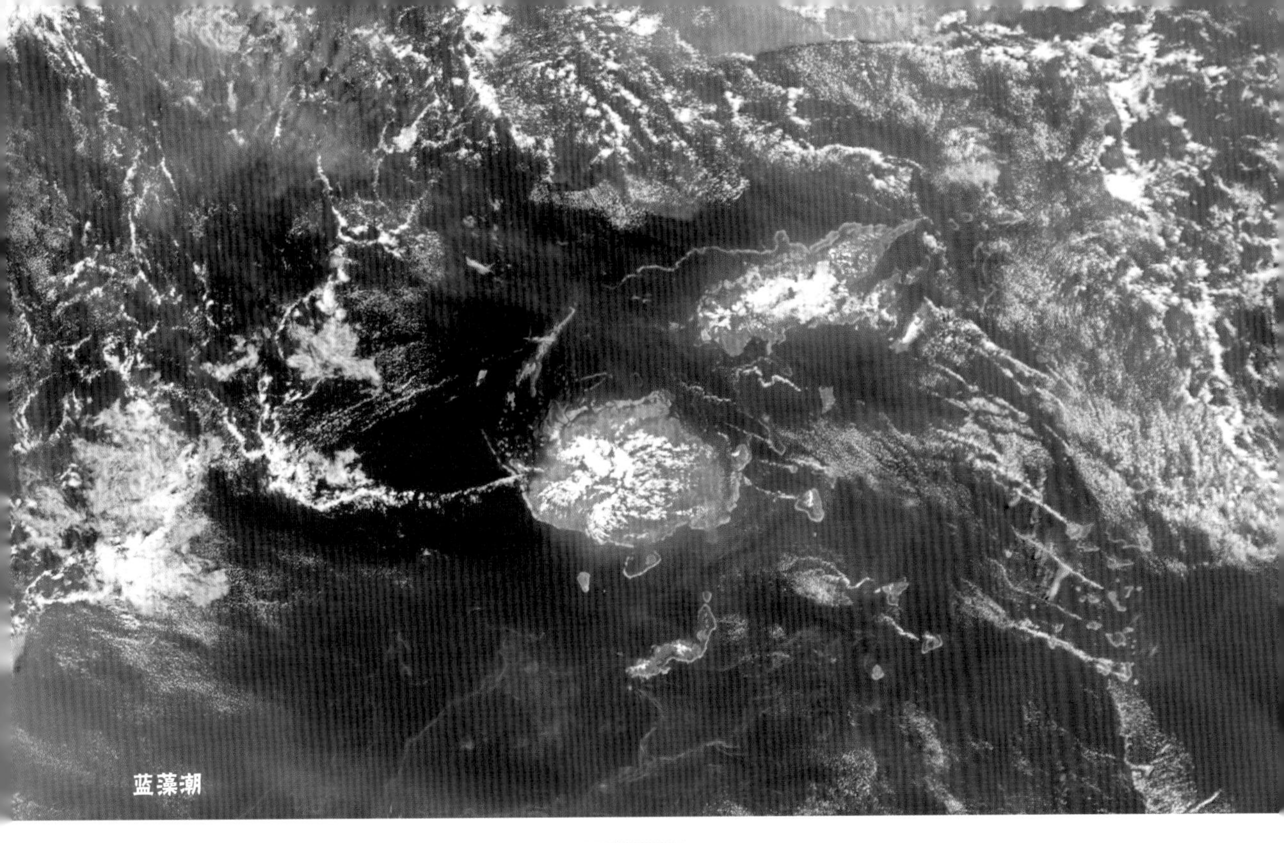

蓝藻潮

蓝藻

蓝藻是一类原始的原核藻类，所谓原核，指的是细胞中没有核膜包裹的细胞核和完整的一套细胞器，DNA 裸露在细胞中。它们自由生活或者群居生活。

蓝藻在分类上的归属问题一直广受争议。由于和细菌一样没有成形的细胞核，没有叶绿体、线粒体，所以蓝藻又被称为蓝细菌。但是蓝藻又和细菌存在不同：它们可以进行光合作用，可以产生氧气。

试想一下，当地球还是一个荒芜、死寂的星球时，在极端条件下也能生存的细菌中出现了蓝藻，这些能进行光合作用的蓝藻释放出氧气，使地球从无氧状态发展为有氧状态，才有了现今生机勃勃的蓝色星球。

蓝藻没有叶绿体，之所以能进行光合作用是因为其具有一种叫作类囊体的结构，在类囊体中有叶绿素 a、藻胆素、类胡萝卜素，这些光合色素可以捕获光能进行光合作用，产生氧气。

此外，更神奇的是，在丝状蓝藻中，还有一种专营固氮的细胞——异形胞。这种细胞有厚厚的细胞壁，细胞壁外有黏液层。异形胞不能进行光合作用，表面结合的细菌还可以消耗氧气，封闭空间提供的无氧环境，使得异形胞可以固氮。而不产异形胞的蓝藻只在夜晚或者无氧条件下才能固氮。已知的藻类中只有蓝藻既能通过光合作用产生氧气，还能固氮。

显微镜下的蓝藻

蓝藻的这种生物固氮过程，可以对温室气体的浓度起到一定限制作用。蓝藻还可以降解环境中的多环芳烃和杀虫剂。蓝藻被广泛应用于农业生产、药物合成、饲料生产等领域。例如，美国加州大学戴维斯分校的研究发现，通过对蓝藻的基因改造可以使其产出丁二醇，而丁二醇可用于生产燃料和塑料，蓝藻对人类工业社会做出了贡献。但是每一种生物的存在既是生物多样性的保证，也有可能对生物多样性造成威胁。威胁往往来自外界干预破坏了生态系统的平衡，如人类的活动。蓝藻在富营养水体中的疯狂繁殖会引发蓝藻潮，造成水体缺氧、鱼类和鸟类死亡，人类饮用这种水还可能导致肺癌以及肠胃疾病。而水体富营养多是由于人类直接或间接地向水域排放大量富含氮、磷等元素的污水。

红藻

从进化史来看，红藻比蓝藻出现的时间要晚。红藻门可以分为两个纲：红藻纲和红毛菜纲，据统计有 558 属约 3 740 种。红藻叶绿体具有的光合色素包括叶绿素 a、类胡萝卜素、叶黄素、藻胆素（以藻红蛋白——吸收蓝绿光为主，少量的藻蓝蛋白——吸收红橙色光，因此会使藻体呈现紫红色）。生活中常见的紫菜就属于红藻门红毛菜纲。绝大多数红藻属于海洋藻类，主要分布于热带和亚热带海岸。有的红藻种类附着于其他植物，但大多数固着于海底生活。红藻的经济价值很高，除了食用，还广泛应用于药物研制、纺织等工业生产中。

珊瑚礁中常见的珊瑚藻就是红藻的一类，它们的细胞壁富含碳酸钙，叶状体十分坚硬，和珊瑚有几分相似，以至于科学家最初发现珊瑚藻时竟以为它是一种类似珊瑚和苔藓虫的群体动物，后来才意识到其为富含钙质的藻类。珊瑚藻与珊瑚的生长发育息息相关，其坚硬的表面是珊瑚幼虫成长的温床，此外珊瑚藻本身也是珊瑚礁体钙质的重要来源，其产生的胶结物质可以黏附沉积物，形成致密的团块，帮助珊瑚礁抵御海浪的冲击，是庇佑珊瑚礁生物的保护伞。孔石藻是珊瑚藻的一种，是珊瑚礁体常见的藻类之一，在西沙群岛的东岛和金银岛的东北礁缘，孔石藻为主的珊瑚藻覆盖面积可达 50%~70%，形成了略微隆起的藻脊。

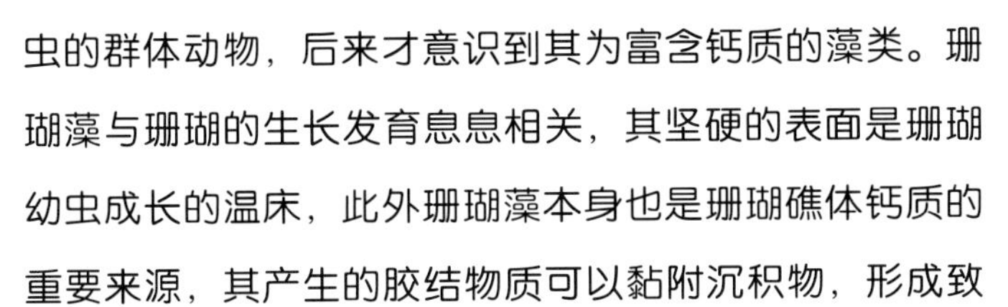

珊瑚藻

麒麟菜也属于红藻，又名琼枝、石花菜，藻体圆柱形或扁平，分枝多，向四周平卧匍匐伸展，状似朵朵菊花，铺展在海底。麒麟菜富含多糖物质，且用途广泛，经济价值高，人类早已在延绵数十里的珊瑚礁海底播

麒麟菜

种麒麟菜的“大海田”，所以它被称为“种植在海底珊瑚礁上的庄稼”。野生麒麟菜多附着在鹿角珊瑚上，因为鹿角珊瑚分枝挺直、交错，有一定空隙，适合麒麟菜的附着生长。

褐藻

相对于红藻来说，褐藻较高等，形态多样。叶状体甚至出现了类似高等植物的细胞分化，有的在外观上已经有了类似“茎”和“叶”的分化。光合色素为叶绿素 a、叶绿素 c、β－胡萝卜素、墨角藻黄素。褐藻的藻体大小差异较大，小的 1~2 厘米，大的可以长到 10 米长，最长的甚至可以达到 100 米以上。由于细胞分化，在褐藻藻体上已经可以清楚看出叶片、柄部和固着器的区别。

三亚湾珊瑚礁的两个常见直立大型褐藻群落中，单优势种群落由南方团扇藻及小团扇藻组成，双优势种群落由褐色叶状藻类匍枝马尾藻和三亚马尾藻组成。

团扇藻，形如蒲扇，藻体褐色，很多时候也会由于不同程度钙化而呈灰白色，具有明显的同心毛线带，簇生。在它们叶状体的外表面，有着带状的碳酸钙盐，跟礁石黏合在一起。

马尾藻是有气囊的有壳海藻，生长在珊瑚礁的碳酸盐基底上或死珊瑚群落上，形成几平方米大的致密藻床。珊瑚与马尾藻虽然可以共栖，但看到

团扇藻

裸躄鱼生活在马尾藻床中

的常常是这样一番景象——在珊瑚密集生长的地方很少能看到马尾藻，而马尾藻密集生长的地方很少或没有珊瑚分布，这可能与马尾藻遮挡阳光从而使珊瑚的生长受到影响有关。马尾藻中的酚类和单宁含量相对较低，通常优先被食草鱼类如裸躄鱼食用。马尾藻不仅是裸躄鱼的食物来源，马尾藻床也是它的庇护所——裸躄鱼体表有多个像海藻的褶状突起，体色会随着周围马尾藻的颜色而改变，以保护自己免于被天敌发现。

绿藻

根据形态不同，绿藻可分为单细胞、群体、丝状体、叶状体和管状体等。光合色素有叶绿素 a、叶绿素 b。约 10% 的绿藻分布在海水中，南海海区绿藻特有种有 130 多种。

蕨藻是珊瑚礁中常见的绿藻，它们的藻体是一个多核的单细胞，细胞核通过细胞质相连而不通过胞膜分隔，因此它们是已

钱币状蕨藻

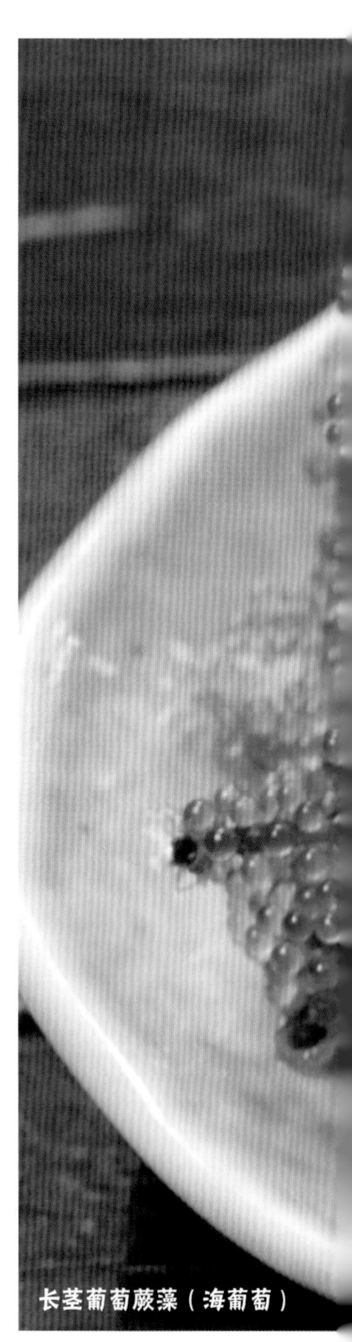
长茎葡萄蕨藻（海葡萄）

知最大、分化得最完善的单细胞生物。蕨藻的形态多样，总状蕨藻的叶状体呈枝条状，常用在沙拉和日本料理中的葡萄蕨藻则像一串串葡萄。它们的生长速度很快，是珊瑚礁中许多生物的食物，但在某些海域也造成了物种入侵，大片外来的蕨藻遮蔽阳光会引起生态系统退化。

仙掌藻是一类重要的造礁绿藻，在我国南海珊瑚礁区水深 7 米以浅海域均可见到。它是珊瑚礁区钙质沉积物的重要生产者。它由许多板状心形或亚圆柱形的节片组成，因外形呈仙人掌状而得名。其既能固着于坚硬的岩石基底，也能生长在松散的砂质基底上。仙掌藻生长速度快，生长于砂质基底上的种类一般每枝每天可长出一个新的节片，甚至可在一天内长成一株完整的植株。仙掌藻是许多食草鱼、海胆的食物。澳大利亚大堡礁西侧或背风面分布有世界上最广泛、最活跃的仙掌藻床。

海蛞蝓在仙掌藻中

硅藻

硅藻是珊瑚礁生态系统中重要的浮游植物类别，其光合色素有叶绿素 a、叶绿素 c 以及墨角藻黄素、硅藻黄素等色素。浮游植物作为食物链中最为基础且关键的一环，在不同程度上对珊瑚礁食物链的多个方面产生深远的影响，比如说物种组成、生物固氮、生态演替以及群落生产力。因此在生态系统的物质循环和能量流动方面意义重大。硅藻还是一种重要的环境监测指示物种。

硅藻可以从水中摄取硅质来为自己制造精巧的“玻璃宫殿”，其细胞壁由两个套在一起的硅质半片组成，其中套在外面的稍大，称为上壳；套在里面的稍小，称为下壳，其结构类似于培养皿。硅藻的壳面具有不同的花纹，这些花纹如同精心镌刻的工艺品，是微观摄影的理想“模特”。硅藻的花纹或是辐射状对称，或是两侧对称，根据以上特征可以将硅藻分为花纹辐射对称的中心硅藻纲和花纹两侧对称的羽纹硅藻纲。

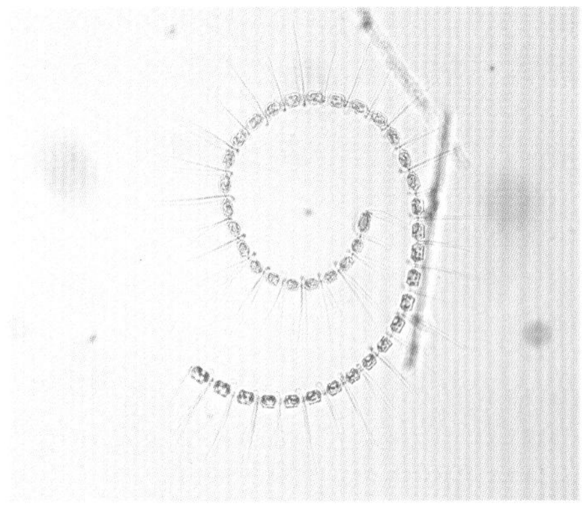
形如其名的旋链角毛藻

在三亚的珊瑚礁海区，硅藻种数至少占所有浮游植物的 1/4，旋链角毛藻就是其中的优势种。

甲藻

甲藻是一类单细胞藻，藻体细胞壁由纤维素组成，如同一层铠甲，具有两条鞭毛用于游动。它们的壳可以分为上、下两部分。上部称为上壳，下部称为下壳。两部分之间有一条横沟，此外还有一条和横沟垂直的纵沟。甲藻分布很广，在热带海洋中最多。甲藻可以在短时间内大量繁殖，以满足很多海洋动物的摄食需要，被称为“海洋

牧草”。这一特性也使许多甲藻成为常见的赤潮生物。此外，并非所有甲藻都是能进行光合作用的生产者，一些甲藻在具有光合色素的同时也会捕食一些原生动物“打打牙祭”，甚至有一些甲藻完全不含光合色素，靠异养方式生活。

海洋中珊瑚的艳丽颜色来自自身荧光及与之共存的藻类生物。虫黄藻就是甲藻的一个类群，于1881年被德国学者Brandt的团队发现并命名。虫黄藻与珊瑚（还有海葵、水母、海绵、扁虫、软体动物等）形成了一种独特的共生关系：虫黄藻栖居在珊瑚水螅体的体内，利用阳光进行光合作用，所产生的有机物一部分用于自身生命活动，一部分则为珊瑚提供必要的营养。它们也会从珊瑚虫那里获得二氧化碳、氮、磷等代谢产物作为回报，用于自身生长。虫黄藻不仅能为珊瑚提供食物，还能促进珊瑚骨骼的形成。在很大程度上，珊瑚礁食物链的结构以及稳定性是由造礁珊瑚与共生虫黄藻所共同调控的。

起初研究者认为虫黄藻就是小亚德里亚共生藻，随着研究发现，虫黄藻包括分类复杂的多个种类，其中与造礁珊瑚共生的虫黄藻主要是共生藻属的种类。

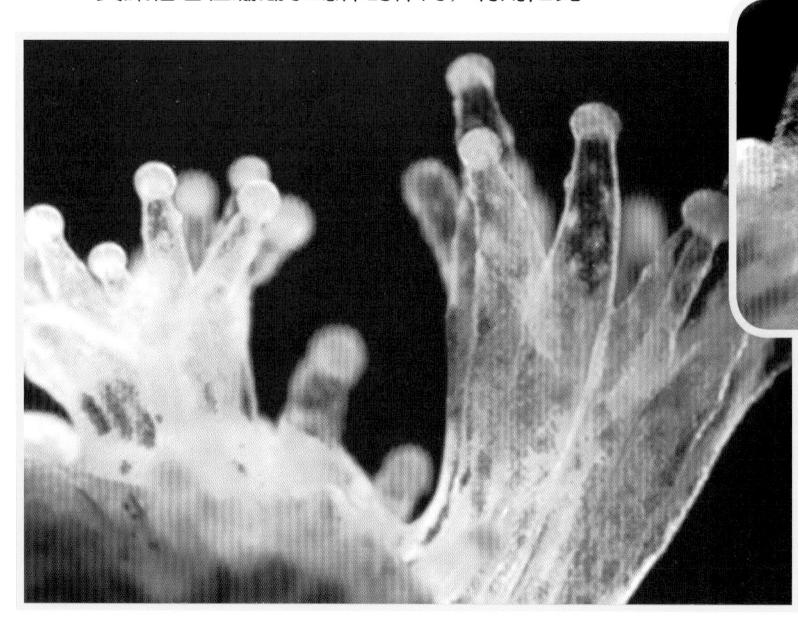

在珊瑚虫中看到的棕绿色、黄褐色斑点便是虫黄藻

无脊椎动物

无脊椎动物指的是体内没有脊柱存在的动物，包含了除脊索动物门脊椎动物亚门之外的所有动物，占现存动物的 95% 以上。它们虽然没有骨骼，但大多有外骨骼、骨针等支撑结构。无脊椎动物的心脏位于消化管的背面，而神经索则位于腹面，与脊椎动物正好相反。相对简单的结构可以让它们拥有更小的体型和更为广阔的适应范围，水生无脊椎动物大多用鳃呼吸，或者直接由体表通过渗透作用摄取水中的氧气，而陆地的无脊椎动物则演化出了书肺、气管等特殊的呼吸器官，并且拥有几丁质的体表以防止水分流失。无论在陆地还是海洋，无脊椎动物都是极为重要的生物类群，著名生物学家威尔逊曾经说过“如果人类明天消失，世界将几乎不会有变化”，很多科学家也认为，如果所有脊椎动物突然消失，地球的生态系统可以继续运转，而一旦无脊椎动物全部消失，带来的结果却是无法想象的。

沿岸珊瑚礁有着诸多重要的功能，它们可以在一定程度上抵御波浪，净化水质，并且对气候有着一定的调节作用。除此以外，其复杂多样的环境也为各种海洋生物提供栖息之所和食物来源。其中最具特色的生物便是在珊瑚礁栖息的无脊椎动物，包括海绵动物、刺胞动物、甲壳动物、软体动物等，它们形态各异，种类多样，习性也千差万别，在珊瑚礁生态系统中发挥着重要的作用，有着各自独特的地位。这些生物在不同层面支撑着整个珊瑚礁生态系统，甚至与人类的生存密切相关。小到翼足类和桡足类等浮游生物，它们在食物链中处于基层位置，养活了数量庞大的捕食者群体，几乎所有海洋鱼类在其生命的某个时期都需要以无脊椎动物为食；大到贝类、虾蟹、海参等传统养殖种类和远洋蟹类等新进的捕捞资源，它们是人类重要的动物蛋白来源。珊瑚礁就像一座座水下森林，为部分行动能力较弱的无脊椎动物提供了庇护，这些无脊椎动物在珊瑚礁中的分布方式包括穴居、附着和固着三种。

穴居生物藏匿在珊瑚礁的缝隙中，如某些蟹类，它们白天躲在缝隙中，夜幕降临再出来觅食；再如一些多毛类动物，如缨鳃虫，它们穴居在珊瑚骨骼的孔洞中，平时只露出羽冠滤食水流中的食物颗粒。

附着生物多依附在珊瑚礁表面，利用珊瑚礁复杂的空间结构藏身和抵御水流。如背着沉重螺壳的一些软体动物，大多有强壮的腹足可以像吸盘一样牢牢地固定在珊瑚礁表面，也可以缓慢地移动搜寻食物果腹或者躲避敌害。

固着生物一般会分泌一些特殊的物质将自己固定在珊瑚礁上，有些固着生物一旦选定落脚点便终生不再移动。珊瑚虫本身就是一种固着生物，生活在自己构建的石灰质“大厦”里终生不换地方。此外，藤壶、牡蛎等生物也会用胶质或足丝将自己固着在礁石上直到死去。这些生物大多没有行动能力，只能过“衣来伸手，饭来张口”的生活，坐等夹杂着食物颗粒的水流流经自己再慢悠悠地用餐。

海绵动物

提到海绵，很多人的第一反应是一块方方正正的黄色物体，上面有很多小孔，能吸满满一肚子的水，或者如动画片《海绵宝宝》里的主角。可能很多人不知道，真的有一类叫作海绵的生物生活在多彩的珊瑚礁海域，它们不是清洁用的工具，也不是虚构出来的卡通形象，而是一类神奇的动物。

这些活着的海绵与我们熟知的“海绵”形象不太一样，更准确地应该说相去甚远。但无论是我们日常生活中使用的工业海绵，还是荧幕上的海绵宝宝，它们都有与原型相同的重要特点，那就是全身布满了孔洞。

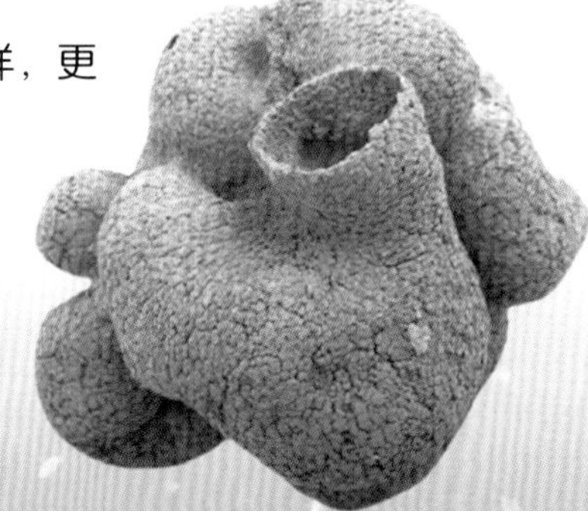
贵州始杯海绵化石

海绵动物门也叫多孔动物门，是最为原始的多细胞生物之一。2015 年，我国古生物学家在瓮安生物群

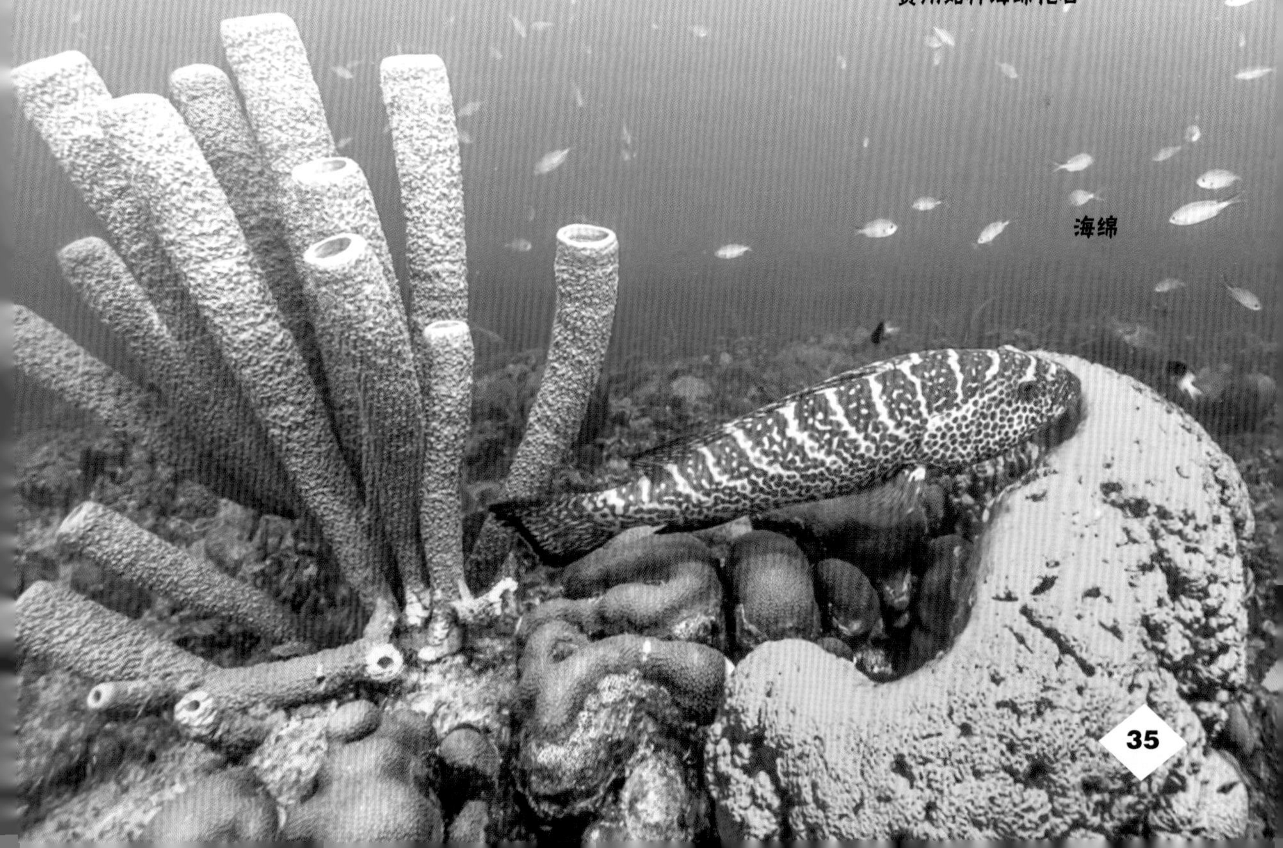
海绵

中发现了贵州始杯海绵的化石，这种生活在 6 亿年前的生物与现代海绵非常相似，也是已知最为古老的多细胞动物。作为一种动物，海绵实在太过另类，首先，海绵没有可以辨认的组织和器官，更谈不上消化系统、循环系统、神经系统；其次，它们几乎不能运动，在肉眼下海绵是静止的，只会像植物那样生长。更离奇的是，海绵的外形不对称。对称是多细胞动物的一个重要特征，大多数动物都拥有一个或者多个对称面，但海绵没有，它们是不对称动物，长得可说是十分随意。因此在早期它们曾经被认为是植物甚至非生物物质。

但进一步的研究发现，海绵是如假包换的动物。由于其异于其他动物的形态以及体内独有的与原生动物领鞭毛虫相似的领细胞，许多科学家认为海绵是群体原生生物向个体多细胞动物演化过程中产生的一个分支，称之为侧生动物。

那么，既不能动又没有消化系统的海绵靠什么养活自己呢？这就要归功于其独有的水沟系，这套系统让海绵获得了“喝西北风”的能力。

所谓水沟系，就是海绵体内一套错综复杂的水管系统。海水从海绵体表密集的入水孔流入体内，在胃层领细胞鞭毛的摆动下经过水沟系再从出水口流出。在这个过程中，海绵从新鲜的海水中摄取食物和氧气，并让代谢废物随着水流排出，完成了简单但有效的新陈代谢。

科学家向海绵周围喷射带颜色的水，可以看到水流如何通过水沟系

水沟系中水流的速度自然也决定了海绵新陈代谢的效率，因此海绵生长的位置和形状与水流密切相关。它们通常为高耸的管状或者扁平的盘状，还有许多群体生活的海绵会聚集在一起，结成难以辨认的团块状。

海绵没有骨头也没有肌肉，又如何在水流中保持自己的形态呢？原来海绵体内

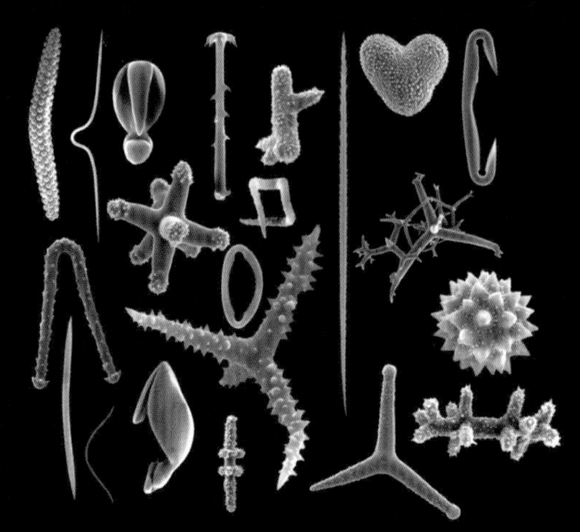
形形色色的海绵骨针

拥有一些特殊的支撑结构：骨针，这是分布在海绵体内的一些硅质或钙质小刺，常常与硅质海绵丝一同构成海绵“骨骼”。这些骨针形态各异，有的像晶莹的雪花，有的像含苞待放的花朵。骨针是海绵动物分类上的重要依据，同时硅质骨针在珊瑚礁松散沉积物中占很大比例，为珊瑚礁生态系统贡献碎屑成分。

目前世界范围内已知的海绵有9 000多种，主要分布在热带和亚热带海域。这些海绵又被分为钙质海绵纲、六放海绵纲和寻常海绵纲，其中钙质海绵纲和寻常海绵纲在珊瑚礁海域均有分布，而六放海绵纲主要生活在深海中。

钙质海绵纲拥有碳酸钙质地的骨针，体型通常较小，结构也相对简单。在珊瑚礁生态系统中，它们不是主要造礁生物，而是次要的居礁生物。

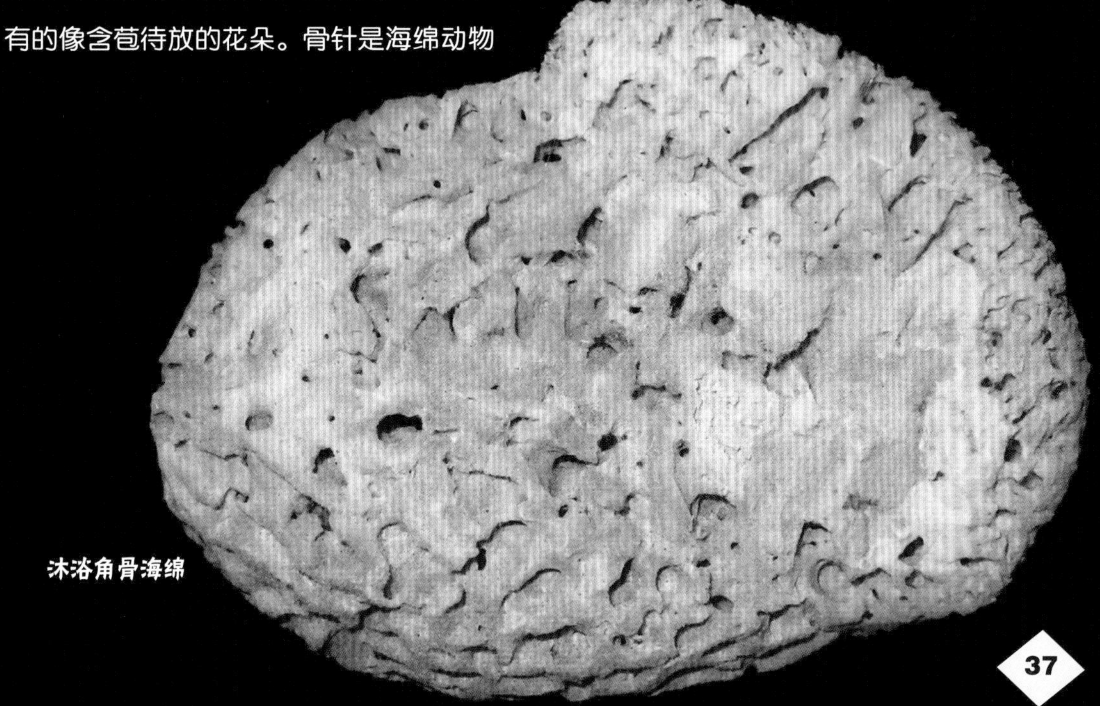
沐浴角骨海绵

寻常海绵纲的骨针多为硅质，形态多样，结构也比较复杂。

其中一些种类没有骨针却拥有坚韧而富有弹性的海绵丝，这些海绵在古代常被加工成日用品，被贵族用于沐浴和清洁，曾经被人工饲养且产值巨大，但后来逐渐被今天随处可见的人造海绵取代。如沐浴角骨海绵，这种柔软的、高吸水性的海绵即使在今天仍被作为原料用于生产婴儿和皮肤敏感人士的洗护用品。

而穿贝海绵与之截然相反，不但不柔软，还会搞破坏。这种海绵生活在石灰质物质的表面，包括石灰质的岩石、贝类的外壳甚至珊瑚的骨骼，它们会分泌出一种酸性物质溶解固着的基质以拓宽生活空间。如果一块穿贝海绵恰巧在一株珊瑚上落脚，这株珊瑚就会被侵蚀得千疮百孔，甚至周围的邻居都可能受到波及，最终全部死亡。

珊瑚礁海域生活的海绵通常有着多种色彩，这些色彩或来源于与之共生的虫黄藻，或来自其自身产生的胡萝卜素。它们是典型的滤食生物，将海水中的有机碎屑和微小生物滤下作为食物。很多人会把海绵饲养在水族箱中，既可用于观赏也可达到净水的效果。此外，很多生物与海绵达成神奇的共生关系，如生活在珊瑚礁海域行动缓慢的拟绵蟹就经常背着一块活海绵以隐藏自己，这也是它名字的由来。

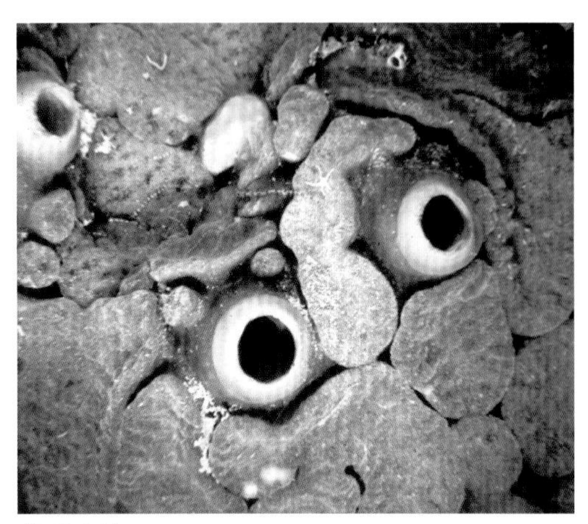

穿贝海绵

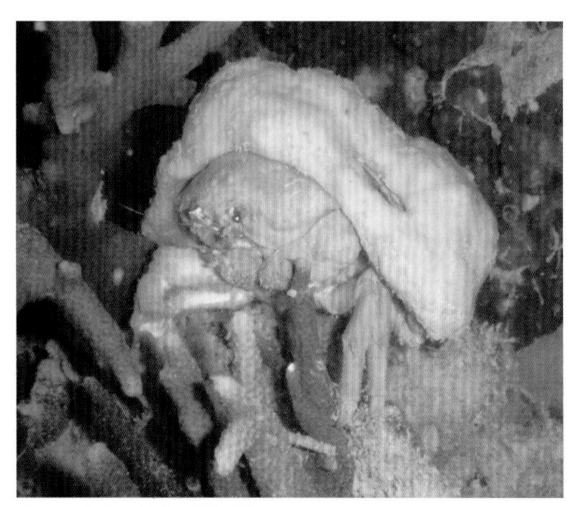

背着活海绵的拟绵蟹

海龟啃食海绵

大多数海绵躯体较为坚韧，而且富含骨针，可食用部分很少，但仍有少数动物会以它们为食，如海龟和鹦嘴鱼，它们有着坚硬的喙，可以轻易地摄食无还手之力的海绵。很多裸鳃类海牛也会用齿舌刮食海绵，摄取海绵体内的胡萝卜素整合到自己体内以改变颜色，变成自己赖以藏身的保护色。

为了抵御天敌，海绵也有自己的保护措施，如有的海绵会产生毒素，以抵御和阻止捕食者；有的会散发出非常难闻的气味，使其他生物避而远之；有的将骨针裸露，使捕食者望而却步。

海绵的天敌海星

另外，海绵为微生物提供了生存环境，微生物对海绵也起着重要作用。微生物可为海绵提供食物和养分，并在海绵结构、化学防御、排出废物和进化方面对其有重要的影响。

海绵是底栖生物群落中的重要成员之一，除了作为小型生物的滤食者和其他生物的食物来源，它们也为诸多珊瑚礁生物提供了生存空间。为数众多的甲壳动物以及多毛类生活在海绵的水沟系中，或者在其表面打洞生活，海绵一定程度上影响着珊瑚礁中其他底栖生物的生存与分布。

刺胞动物

刺胞动物曾被称为腔肠动物，全球已知约10 000种，它们的特点之一便是拥有用于防卫和捕食的刺细胞。刺胞动物是最为古老的生物类群之一，与海绵相比，它们在内、外胚层之间增加了中胶层，但结构仍然十分简单而原始。身体为辐射对称或者两辐射对称，再加上固着生活的习性让很多刺胞动物看起来更像是植物。这些生物貌似植物般安逸，不争不抢，没有明显的喜怒哀乐，也不存在血腥残酷的斗争。但在它们自己的时间线里，这些曼妙的“花卉”无时无刻不在谱写着一曲曲惊心动魄的生存之歌。

刺胞动物包括水螅虫纲、珊瑚虫纲和钵水母纲，是珊瑚礁重要的组成部分。珊瑚礁中最重要的造礁生物石珊瑚便是一类刺胞动物，它们可以利用体内共生的虫黄藻进行光合作用获取的能量，创造蔚为壮观的复杂礁体，为其中生活的各种生物提供庇护。

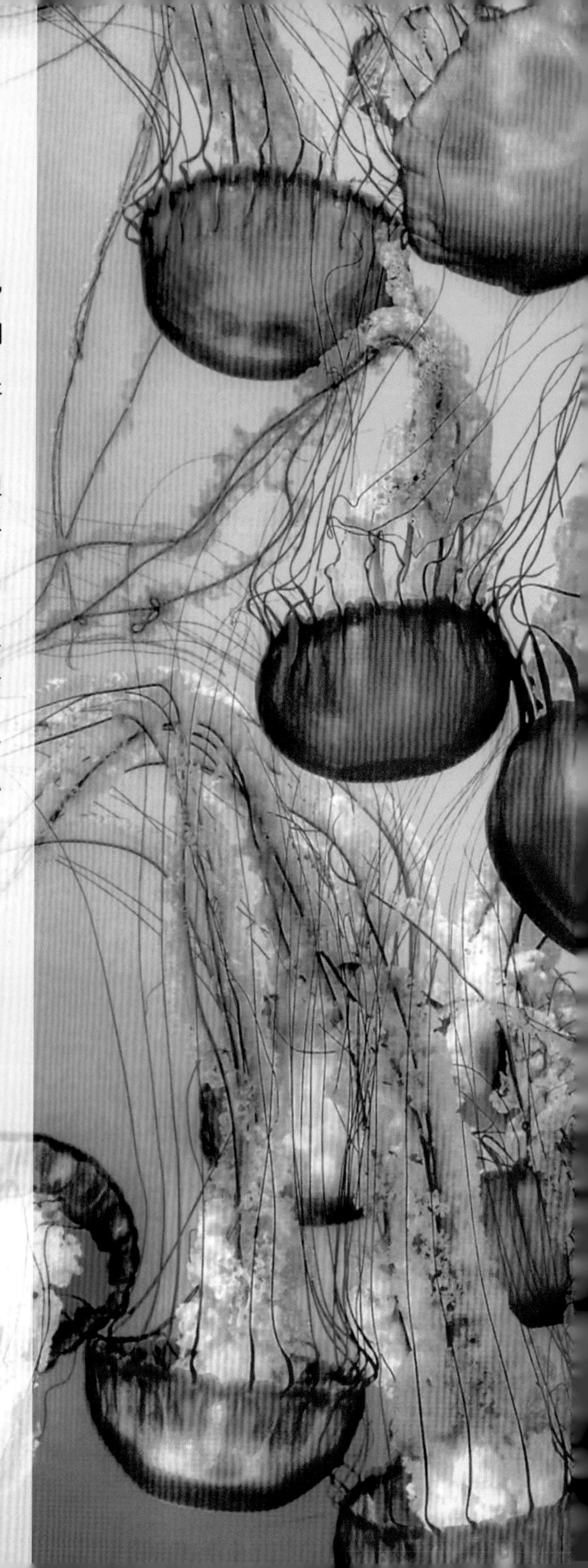

妖娆的水母

水母

水母是刺胞动物中一类重要的浮游生物，在珊瑚礁食物链中起着不可忽视的作用。

古希腊神话中记载着这样一个故事：阿西娜神殿中普通的女祭司美杜莎，有着美丽的容貌和动人的眼睛，相传每个看到她眼睛的人都无法抵御诱惑而情不自禁地爱上她，海神波塞冬也不例外。有一天，两人在阿西娜神殿中私会，被触怒的智慧女神把美杜莎变成了可怕的蛇发女妖，从此，每个看到她眼睛的人都会变成冰冷的石块。这便是蛇发女妖美杜莎（medusa）的来历。而水母的英文名正是medusa，它们是生活在海神臂弯中、美丽而又危险的“蛇发女妖”。

古希腊神话中的“蛇发女妖”美杜莎

水母的身体晶莹剔透，整体呈伞状，内部有环状的肌肉，可以让伞缘有规律地收缩以推动身体缓慢运动。水母体内95%以上都是水，相对密度与海水几乎相同，过着随波逐流的生活，它们时常会来到热闹的珊瑚礁海域，为之增添几分色彩。飘逸的水母与固着生活的珊瑚以及海葵截然相反，它们的口在伞状身体的下方，口的周围有许多口腕，这些口腕上常长有许多丝状或指状的附属器，上面布满刺细胞，用于捕食和防御。水母的刺细胞中往往含有致命的毒素，使之成为随波逐流的海上幽灵。如果在海中被大型水母蜇伤，即使毒素不足以使人致命，伤者也随时有麻痹溺死的危险，是潜水员与游泳者的噩梦。

水母分为水螅水母和钵水母。水螅水母体型小，结构简单；钵水母的体型通常较大，结构也更为复杂；在它们的生活史中，固着生活的水螅型和浮游生活的水母型常常交替出现。

海月水母分布广泛，北纬 70° 至南纬 40° 之间海域都有分布，时常也会造访珊瑚礁。它们的直径可以达到 40 厘米，透明伞上有四个鲜明的白色环形生殖腺，泳姿缓慢而优雅，宛如掉落在海中的月亮。海月水母用触手捕食水中的浮游生物，如被囊动物、桡足类以及其他小的水母体。它们的生活史十分有趣，最初出现的是微小的浮浪幼虫，浮浪幼虫会尽快找到一片稳固的岩石固着下来，成长为水螅体。海月水母的水螅体像是一摞叠得整整齐齐的盘子，它会横向分裂产生造型奇特的碟状幼体，碟状幼体的外形就像一朵朵盛开的樱花，它们最终将成长为“海中月”般神秘优雅的海月水母。

海月水母

巴布亚硝水母

珊瑚礁海域的巴布亚硝水母是凉拌海蜇丝的原料——砂海蜇的近亲，不过它们有着更为华丽的外表，布满白色圆点的伞面加上蓬松的触手，看起来像是一把用蕾丝装饰的洋伞，可谓根口水母目的颜值担当。这种水母体内也共生着虫黄藻，可以通过光合作用获取能量。它们分布在印度洋、太平洋，在日本、斐济、东南亚国家的附近海域可发现。因外表可爱，它们经常被饲养在水族馆里。

初见蛋黄水母，你会发出这样的疑问，这是水母？开玩笑的吧，怎么看都是个荷包蛋嘛。蛋黄水母生活在地中海以及爱琴海温暖的海流中，它们的外形看起来就像漂荡在珊瑚礁间的一只五分熟的荷包蛋，似乎隔着屏幕都能闻到四溢的蛋香。

蛋黄水母

金黄水母

看似吹弹可破的橘红蛋黄其实是蛋黄水母的生殖腺和胃，透明的身体加上中央色彩艳丽的突起，让人食欲大开。

分布在热带海域的金黄水母有着细长的触手，当它们游荡时这些触手犹如仙女的霓裳在水中摇曳，美不胜收。这些长长的触手伸展开来后，可拦截水流中的食物。

水母中有轻盈美丽的“水中天使”，也有让人脊背发凉的“死神”。澳大利亚箱形水母俗称海黄蜂，生活在澳大利亚以及东南亚等附近海域，直径 20 厘米左右，长着立方形的身体，活像在水中游动的透明箱子。它们被认为是地球上已知最为致命的毒物，其刺细胞所含有的神经毒素可以迅速导致人类的器官衰竭，破坏心脏的节律，受害者通常会在 3 分钟之内毙命。这些美丽而可怕的生物已经在海滩上制造了大量悲剧。箱形水母有着相对较快的游动速度，而它们那 60 根剧毒的触手可以延伸近 2 米。通常，它们用这些触手捕食水中的鱼类及甲壳动物。

此外，箱形水母也是地球上最早出现眼睛的生物之一，它们身体四周有 4 个平衡囊，每个平衡囊上都长有 6 只眼睛。这 6 只眼睛结构各不相同，分为 4 种类型，而其中较复杂的两种已经具备了角膜、晶状体和视网膜等结构，其用途已经不仅仅是简单的感光。箱形水母的神经系统也较其他水母复杂，在游动过程中较为灵活地躲避障碍和天敌，这是其他水母望尘莫及的。

箱形水母

剧毒水母中人气最高的当属僧帽水母，这种水母分布在大西洋的热带海域，它们浮在水面上标志性的气囊看起来就像古代葡萄牙人的战舰，因此也被称为葡萄牙战舰水母。实际上，我们所说的每只僧帽水母都是一个小的群落而非单独的个体，大量形态各异的水螅体和水母体共同组成了这艘复杂、精巧而高效的“战舰”，有的负责漂浮，有的负责捕食，有的负责消化，有的负责生殖。彩色气球般的气囊里充满二氧化碳，僧帽水母通过调节气囊大小控制自己的沉浮。通常它们都漂浮在海面上，但当风暴来袭时，为了避免被风浪冲到海滩上脱水而死，它们会将气囊排

僧帽水母

僧帽水母

空沉到水底。同时气囊上特殊的淡蓝色光泽有助于防止紫外线对僧帽水母的伤害。僧帽水母有时会因为气候原因成群结队地出现在海滩上，偶尔有好奇的游客出手触碰这些漂亮的“海气球”，后果往往很严重。僧帽水母中的毒素会导致人昏迷和休克，如果得不到及时处理，伤者很容易会死于呼吸衰竭。

僧帽水母的亲戚帆水母就可爱得多了，它们硬币般扁平的几丁质气囊里充满了气体，上面还长着一面小小的“帆”。帆水母靠着这面小帆成群结队地漂流，有时，被风和海流带来的大批帆水母突然出现在海面上，把船只团团围住就好像外星人入侵一般。帆水母是一种暖流指示种，喜欢在温暖的海水里捕食浮游生物。

帆水母

水母的触手对人有毒，让人不寒而栗，但许多小鱼或虾蟹却并不畏惧它们，反而悠闲自在地漫游其间。比如，鲹科鱼类的幼鱼就很喜欢在水母的触手间穿行，它们体表特殊的黏液可以抵御有毒的刺细胞，和水母达成了共生关系。这种关系类似于海葵和小丑鱼，鲹科鱼类随之旅行，以浮游动物或幼鱼等水母的“残羹剩饭”为食，得到水母保护的同时，也会为水母吸引一些猎物，清除寄生虫。

水母作为一类重要的浮游生物，也是珊瑚礁中许多居民的主食，而这些以水母为食的生物对于控制水母的数量也有重要的意义。

外形憨态可掬的海龟最喜爱的食物就是水母了，它们头部的鳞甲可以抵御水母的刺细胞，而脆弱的眼睛也会有眼睑保护，可以放心地吞食软绵绵的水母。但如今人类活动为这些水母猎手带来了可怕的威胁。随着人类向海洋中排放大量垃圾，

水母与其小跟班

海龟捕食水母

海龟误食塑料袋

即使在远离陆地的大洋也能看到漂浮在水中的塑料袋，这些随波逐流的半透明袋子像极了水母，许多海龟误食导致一命呜呼。人类当初或许不会想到，一个如此不起眼的袋子就可以轻松地抹杀一个生命。

水母的天敌翻车鱼

除了海龟，许多大鱼也是水母的天敌，如长相呆萌、行动缓慢的翻车鱼，它们性情温和、体型巨大，最大的翻车鱼体长超过 4 米，体重约为 2 300 千克，是世界上最大的硬骨鱼。

珊瑚礁食物链中还有更令人吃惊的一幕，科学家在海底科学考察时发现活动范围十分有限的张着大嘴的一种石芝珊瑚居然主动捕食跟自己体型差不多大的海月水母。此外，一些裸鳃类也很青睐水母这种有毒的食材，它们会将水母的刺细胞储存在自己的鳃中用于防卫。

珊瑚捕食水母

珊瑚

所谓珊瑚礁，其本质就是无数生物不断积累钙质而形成的石灰质礁石。这种礁石由不同生物的遗骸以及活体堆叠而成，它们像是高大的乔木，构成了这片“海底雨林”复杂的结构，为无数生命提供了生存繁衍的空间和相互竞争的舞台。舞台的搭建者被称为造礁生物，而珊瑚就是造礁生物中最为重要的类群之一。

所谓珊瑚，广义上是指珊瑚纲中八放珊瑚亚纲和六放珊瑚亚纲的物种。这些生物的身体多呈圆筒形，身体底部有用于分泌及固着的基盘，顶部则有进食和排泄用的口，口的周围有一圈触手，触手的数目为 8 的倍数（八放珊瑚亚纲）或者 6 的倍数（六放珊瑚亚纲），这些触手上着生有刺细胞，刺细胞可以刺入动物体内，分泌毒液，麻痹它们。

造礁珊瑚的基盘和体壁可以向外分泌石灰质物质，这些便是珊瑚的骨骼，也是珊瑚礁主要的来源。珊瑚分泌的骨骼形态各异，有的呈球形，有的呈树枝状。它们大多群体生活，一片珊瑚礁上往往生活着无数细小的珊瑚虫，有时这些珊瑚虫的身体也连接在一起，组成一个关系紧密的群落，但也不乏独树一帜的单体珊瑚，如石芝珊瑚，一个巨大的水螅体独占盘状的骨骼，可以达到 50 厘米。

这些珊瑚虫堪称整个珊瑚礁最伟大的建筑师，我们看到的那些千姿百态的海底美景都依托于它们那无形的手。

珊瑚产卵

石芝珊瑚

当然建筑师也是要吃饭的。珊瑚虫作为食物链的一环，有着十分特殊的营养方式。它们体内大多共生着一类特殊的生物，这便是虫黄藻，虫黄藻是一种光合自养生物，可以像植物那样进行光合作用合成有机物，这些有机物将被珊瑚虫所利用，而作为回报，珊瑚虫为虫黄藻提供必要的二氧化碳以及氮、磷等养料。珊瑚虫生活所需的能量近 90% 来源于虫黄藻合成的有机物，除此之外，它们偶尔也会捕捉水中的浮游生物为食。有了虫黄藻这个朋友，珊瑚虫可以说是衣食无忧，真正过上了植物一般安逸的生活，但同时，对虫黄藻的高度依赖也限制了造礁珊瑚的分布范围，它们只能生活在热带地区阳光充足、水质清新的浅海里，而且只有水温在 18℃以上时珊瑚虫才会造礁。环境稍不适宜它们便会相继死去，其结果往往是整个珊瑚礁生态系统的衰亡。

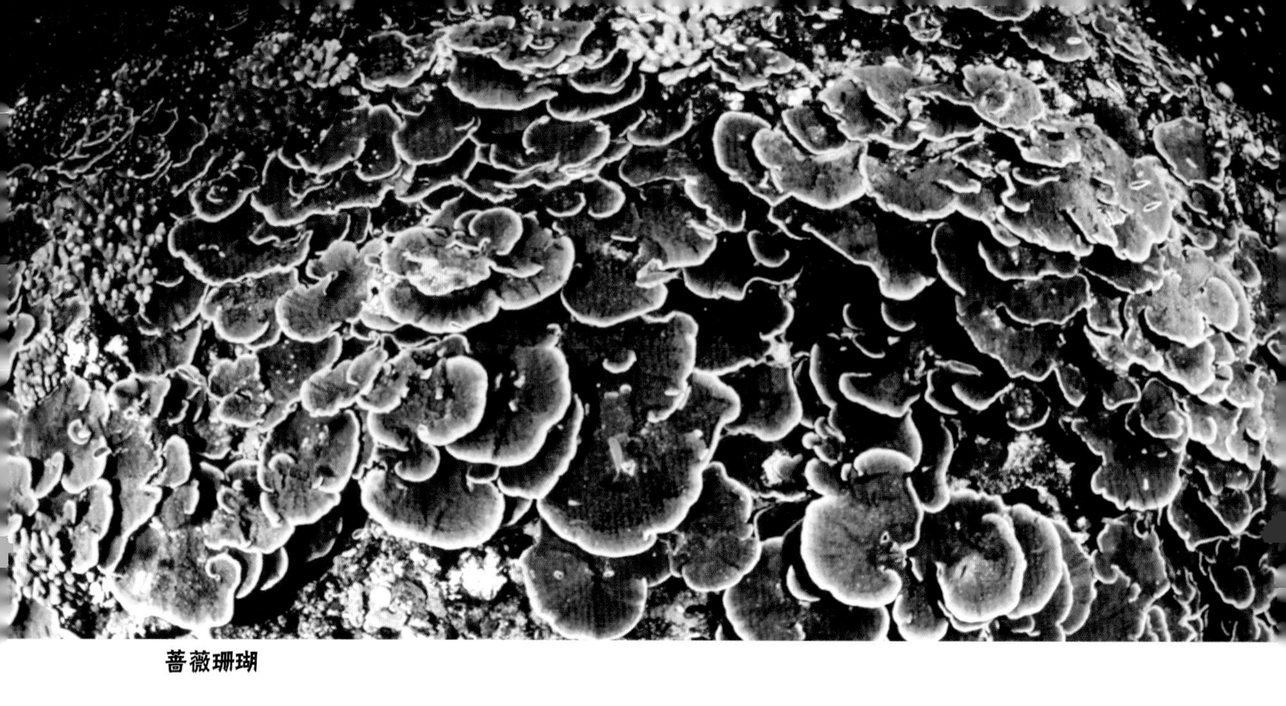

蔷薇珊瑚

如同它们各异的形态，每类珊瑚也都有着自己独一无二的个性。蔷薇珊瑚有着扁平或枝状的外骨骼。它们生长较为迅速，喜欢温和的光照和水流，它们性情温顺，除了虫黄藻提供的食物外，大多数时候只捕食一些微小的浮游生物。

鹿角珊瑚是分布较为广泛，种类较为繁多的一类造礁珊瑚。它们生活在水深0.5~20米的浅水中，喜欢充足的阳光和湍急的水流。鹿角珊瑚的外骨骼呈现错综复杂的角状分枝。在印度洋到太平洋的珊瑚礁生态系统中，鹿角珊瑚都是数量最多的珊瑚种类之一，同时它们也有着较大的体型，是石珊瑚中造礁的主力军。

鹿角珊瑚

珊瑚礁中除了蔷薇珊瑚和鹿角珊瑚这样的好邻居外，也存在着一些较为凶猛的珊瑚，这些珊瑚看似无害却有一定的攻击性，会用触手攻击其他珊瑚以争夺生存空间。

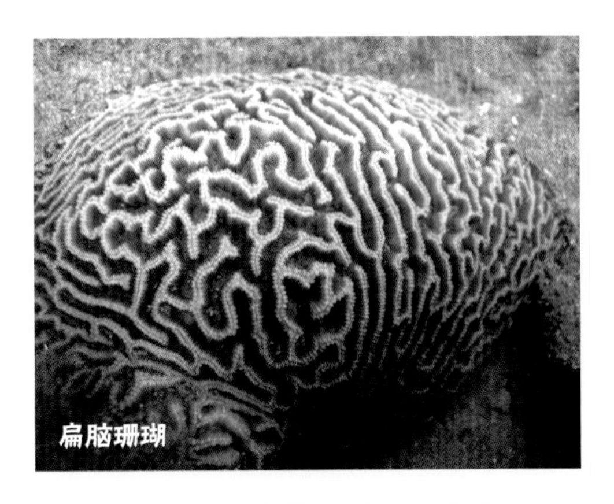
扁脑珊瑚

扁脑珊瑚的外骨骼近似球形，可以更好地抵御水流，珊瑚虫栖居在骨骼表面蜿蜒的沟壑中，整体看起来就像一颗人类的大脑。这种珊瑚会在夜间伸展触手，蜇伤周围的珊瑚。

腐蚀刺柄珊瑚

更为极端的例子是腐蚀刺柄珊瑚，这种珊瑚会攻击附近的其他珊瑚，甚至会导致它们死亡。与大多数硬骨珊瑚不同，腐蚀刺柄珊瑚可以捕食很大的猎物，会将猎物吸附在自己骨骼的外面并逐渐消化它们。

筒星珊瑚

虽说虫黄藻是珊瑚的好搭档，但并不是所有珊瑚都要仰赖它们为生，许多珊瑚不含有虫黄藻，完全靠捕食为生，对光线的依赖程度较低，这些珊瑚被称为非光合作用珊瑚，属于珊瑚中自力更生的类群。比如分布于印度洋和太平洋的筒星珊

瑚，它们的水螅体有着较大的口，用于吞噬捕捉到的浮游生物。

除此之外，八放珊瑚亚纲的大多数类群如柳珊瑚等均属于非光合作用珊瑚，其中最为耀眼的明星当属红珊瑚了。“霞影分丹乘浩露，珊瑚秀色满彤墀”，道出了这种珊瑚的美。红珊瑚与珍珠、琥珀并称为世界三大有机宝石，被视为富贵与祥瑞的象征，也正因如此，红珊瑚遭到了人类的大肆采伐，数量锐减，在国内已经被列为一级保护动物。红珊瑚虽然分泌石灰质骨骼但并不是造礁珊瑚，与造礁珊瑚相比它们喜欢更加清凉的海水，可以在更深的水域存活，它们没有共生藻，以捕食浮游生物为生。红珊瑚的寿命很长，相对而言，生长和繁殖的速度就十分缓慢，其资源恢复的困难程度可想而知。

笙珊瑚与红珊瑚同属八放珊瑚亚纲，它们会分泌物质形成成排的管状的石灰质骨骼，看起来就像乐器笙管。珊瑚虫就栖息在这些成排的管中，有着 8 根羽毛状的触手，用于捕捉浮游生物。

红珊瑚

笙珊瑚

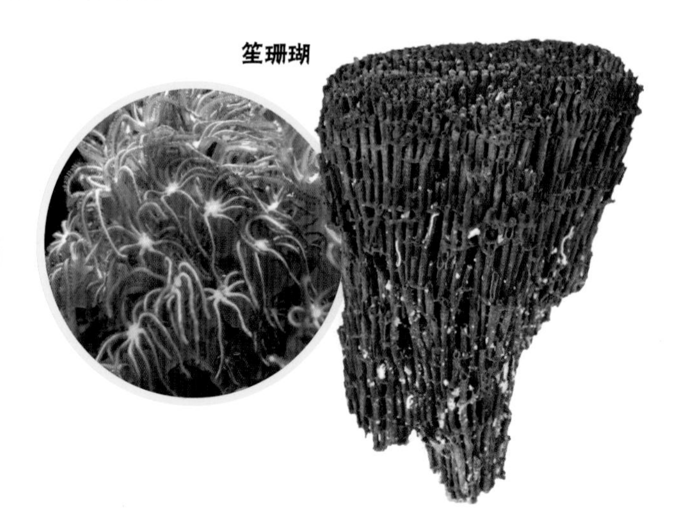

除了上述拥有千奇百怪外骨骼的珊瑚，珊瑚礁中还生活着很多软体珊瑚，比如海鳃，它们身体柔软，呈轴对称，非常像老式的羽毛蘸水笔。海鳃是群体生活的动物，我们看到的这一片羽毛其实是由成千上万的海鳃（这时称为水螅体）组成的，带有触手的水螅体可捕捉水中的生物为食。海鳃不会分泌物质形成石灰质的骨骼，但也是生态系统和食物链的重要组成部分，和造礁珊瑚一起构成了色彩斑斓的珊瑚礁景观。

珊瑚虫是珊瑚礁的创造者，且拥有较大的生物量，珊瑚礁中的许多生物自然而然地将它们作为自己的食物。

长棘海星的主要食物就是珊瑚虫，一只成年长棘海星一天能吞噬数百平方厘米的珊瑚，它们经过的珊瑚礁，基本只剩下惨白的珊瑚骨骼，而上面的珊瑚虫则被它们一扫而光。

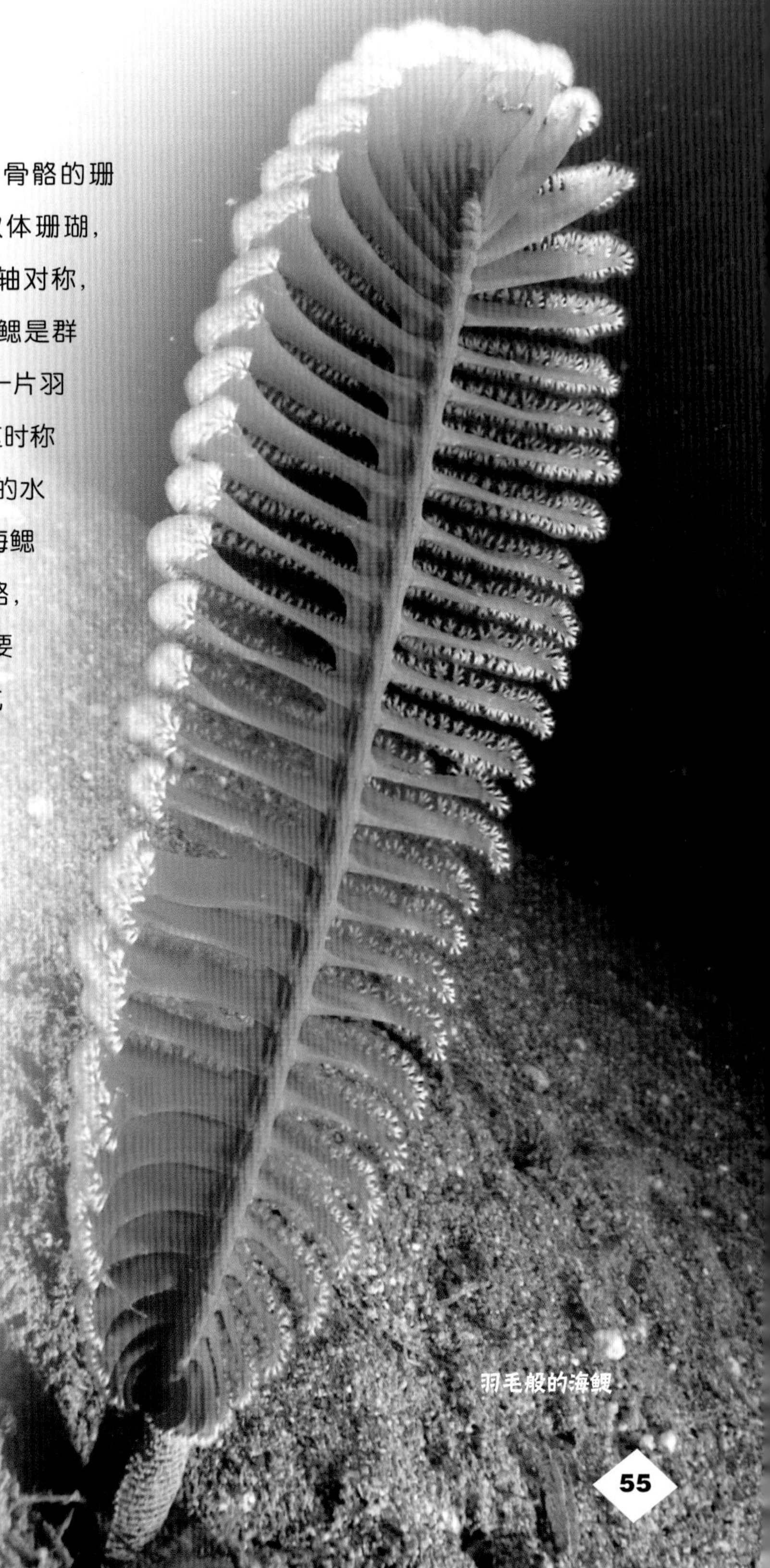

羽毛般的海鳃

吞噬珊瑚的长棘海星

隆头鹦哥鱼

这条面目不怎么和善的大鱼名为隆头鹦哥鱼，从印度洋到太平洋均有分布，它们体型巨大，可以长到1米以上，有着鹦鹉般坚硬的喙。隆头鹦哥鱼主要刮食珊瑚表面的藻类，但它们进食的动作十分粗野，常常会连带着一小块珊瑚以及其上的珊瑚虫一同吞下肚去。这些被吞进去的珊瑚会在鹦哥鱼的消化道内转化为沙子，再被它们排泄出来。可不要小看这些家伙，一条成年的隆头鹦哥鱼每年可以吃掉 5 吨的珊瑚骨骼，再把它们变成沙子排泄出来，这些沙子便是浅海珊瑚沙的主要来源，这些大鱼是珊瑚礁生态系统碳酸钙循环的主要推动者。由于它们的进食去除了珊瑚表面覆盖的藻类，从而有利于珊瑚的成长。

此外，珊瑚礁里的一些小动物也喜欢以数量繁多又不会反抗的珊瑚虫为食，色彩鲜艳的主刺盖鱼和月光蝶鱼都是出了名的珊瑚收割机，它们一边在水中婀娜地游荡，一边用自己的小嘴啄食着可口的珊瑚虫，好不优雅自在。

主刺盖鱼

月光蝶鱼

珊瑚礁如同一片五彩斑斓的“海底森林”，大量的造礁珊瑚拥有形态各异、错综复杂的钙质骨骼，如同高矮参差的乔木，盘根错节，组成了珊瑚礁的主要景观。这里的每种生物都是美学家，它们装点着这片梦幻森林的每个角落，让它充满生机。

如果你有幸潜入这片森林，感受南海温暖水流，游弋在珊瑚与鱼群之间，你也许会发现那些散落在“林地”上的艳丽“花朵”，这些“花朵”有着圆柱状的茎和纤细的“花瓣”，正随着海流轻轻摇曳，它们便是海葵。如果你是第一次见到海葵，你可能会因为其美丽的外形，把这种捕食性的食肉动物看成海洋植物。

海葵靠着膨大的基部（基盘）分泌黏液，加上肌肉的作用附着在岩石、贝壳等上，它们多数附着之后不再爬动，也有的会进行短距离的移动。它们的进食、呼吸和排泄都靠口盘，口盘中间是长缝状的沟，可以吸入食物，也可以进行气体交换，同时也是排出体内废物的通道。在口盘的边缘，有很多中空的触手，这些触手伸展开来，看起来就像是一朵葵花，更奇特的是，触手的数目往往是6的倍数。受到外界强烈刺激的时候，触手就会收缩，整个海葵看起来就像是一个圆球。

海葵的体型因生活环境的不同而不同，一般来说，生活在温暖海域的海葵体型相对较大。有些体型大的海葵体长达1米以上，而小的只有几厘米。有的海葵对生存环境很挑剔，如口盘直径有1米的大海葵只分布在热带海区的珊瑚礁上。

海葵没有主动出击的能力，它们是“守株待兔”的捕食者。它们的触手和内壁有一种特殊的有毒细胞——刺细胞，这种刺细胞可以刺入动物体内，分泌一种毒液，麻痹它们的食物或者自卫。当海葵的触手伸展开来，就像是一朵在海水中摇曳的美丽花朵，一些好奇心强的小鱼、小虾，如果在不经意间触碰到这些触手，海葵就会利用触手上的倒钩捉住它们，触手上的刺细胞分泌毒素进入猎物体内，使得猎物没有反抗之力。海葵的食性很杂，一般捕食软体动物、甲壳动物和一些鱼类，一些大型海葵甚至可以捕食海星。

如果你不小心摸到海葵的触手，很可能会有被拍击的感觉，随后感觉皮肤刺痛、瘙痒，但是这种毒素对人体的健康没有很大的伤害。

美丽的海葵

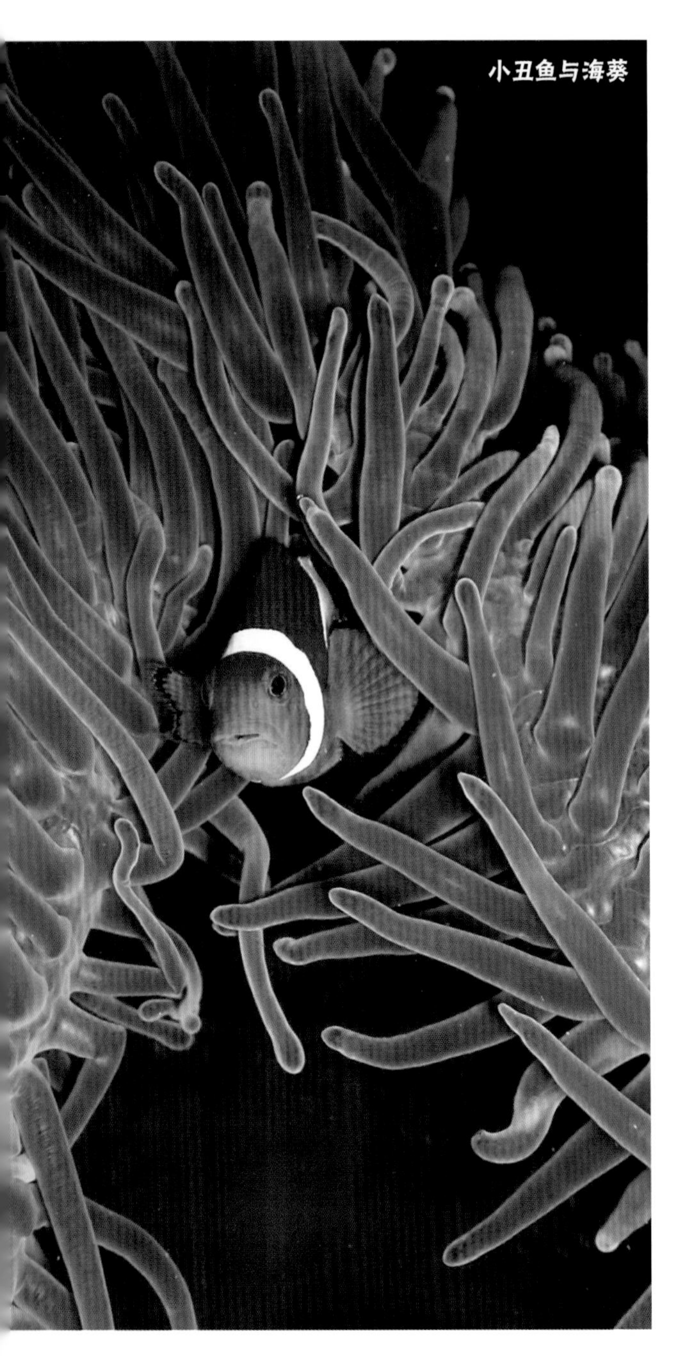
小丑鱼与海葵

海葵凭借着体内的毒素，很少有天敌，主要捕食者只有海牛（裸鳃类）、海星、鳗、比目鱼和鳕，蝴蝶鱼也可以借着细长的嘴吞食海葵。然而，有这样一类鱼，天生对海葵的毒素免疫，却不是海葵的捕食者，反而是海葵的合作伙伴。这类鱼因为脸上有一条或者两条白色条纹被人们形象地称为小丑鱼，也叫双锯鱼，还因为和海葵的共生关系被称为海葵鱼。

小丑鱼因为对海葵毒素的天生免疫，可以自由进出海葵的触手缝隙，躲避天敌，同时小丑鱼还是尽职的清洁工，它们帮海葵清洁口盘触手上的坏死组织和寄生虫，同时吸引别的小鱼供海葵捕食。此外，小丑鱼还可以借海葵的保护安家产卵，繁衍后代。除了小丑鱼，海葵还和许多其他小鱼、小虾或者寄居蟹共生。

海葵泛指海葵目的动物，与造礁珊瑚中最主要的类群石珊瑚目同属于六放珊瑚亚纲。它们是珊瑚纲分布最广的类群，不只是在珊瑚礁，世界大多数的海洋生态系统中都可以见到这些盛开的花朵。海葵的种类繁多，有1300余种，常见的有紫点海葵、公主海葵、地毯海葵等。

如盛开的花朵的海葵

公主海葵的颜色多样，鲜艳亮丽。独居或者群居。一般很难看到它的基盘，触手呈黄色或者黄绿色，触手末端往往膨大成手指状或者灯泡状。主要分布在印度－太平洋的热带海域。

紫点海葵

紫点海葵的颜色艳丽，是易于鉴别的一种。独居。它的基盘躯体呈圆盘状，颜色为橘色；有 48 条粗粗的触手，总体呈黄色，在触手的顶端有紫色的小肉突。

地毯海葵的体型硕大，因为形状像地毯而得名。颜色各样，一般很难看到被触手包围的躯体。常常独居，除了小丑鱼，迷人而非同寻常的海葵虾也把它当作良好的栖身场所。主要分布在印度洋、太平洋。地毯海葵是极具迷惑性的捕食者，接近其触手的生物都可能被捕获而成为它的佳肴，即便小丑鱼有时也不能例外。

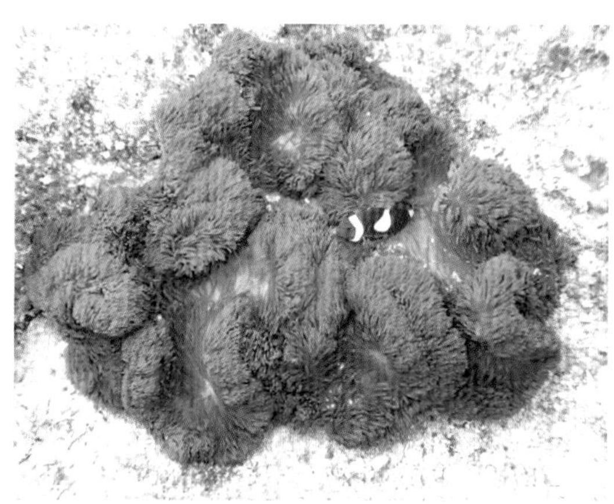
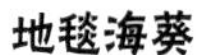
地毯海葵

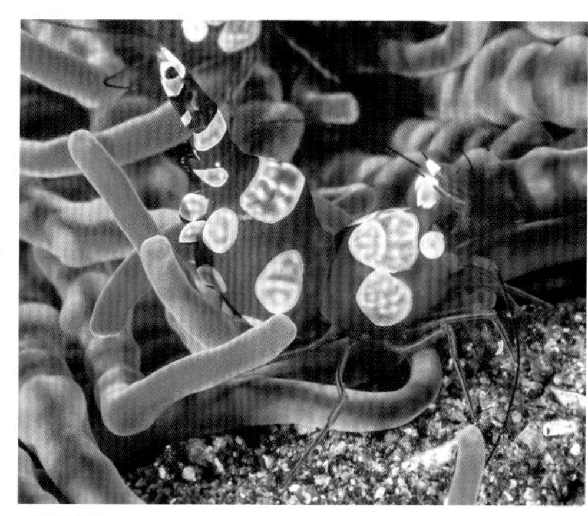
海葵虾

群体海葵也叫纽扣珊瑚，顾名思义，看起来就像是一粒粒圆圆的纽扣。群体海葵的色彩极为丰富，适应能力很强，有些群体海葵甚至可以在潮间带生长，周期性地暴露在空气之中。这是一类相当惊艳的生物，阳光基本可以满足它们的营养需求，不过偶尔它们也会捕食浮游生物。此外，为了防止被其他动物捕食，群体海葵拥有较为强烈的水螅毒素，这种神经毒素会让吞下它们的捕食者吃尽苦头。

海葵种类多样，分布广泛。它们与小丑鱼等动物的互利共生为海洋中许多处在食物链底端的生物提供了生存空间，让能量向食物链更高营养级生物传递，为海洋物种的丰富多样提供了保障。

群体海葵

棘皮动物

棘皮动物全部是海洋居民，且都是底栖生物，从浅海到水深几千米的深海都可以见到它们的身影，也是珊瑚礁表面常见的一类生物。目前已知的有 6 000 多种。虽然棘皮动物也是无脊椎动物，但是结构上已经出现了一些类似脊椎动物的特点。它们的身体表面往往是粗糙的、凹凸的、带有外刺的，有坚韧的外皮用以保护内脏，这种特化的体表与贝类的钙质外壳有异曲同工之妙。

海星

海星的显著特征是身体呈辐射对称，从中央盘伸出对称的 5 条或者更多的触手让它们看起来像是星星，因此这类生物得名海星。

棘皮动物

海星管足

海星整个身体完全匍匐在海底，体表有突出的棘、瘤或疣等附属物，颜色多样。水管系统是棘皮动物所特有的，包括环管、辐管和侧管，侧管连于管足。在它们腕足下方的步带沟中排列着 2~4 排密密麻麻的管足，这些管足不停地摆动如传送带一般运输着海星沉重的身体。管足是海星活动和捕食的主要工具，它们利用这些管足在海底匍匐行走寻找食物。海星的口位于中央盘中心，正对着地面。它们是真正的“低头族”，嘴巴几乎可以和地面接触，这种身体结构和活动方式决定了它们的食性。

海星可不是吃素的，它们是不折不扣的食肉动物和食腐动物，以多种无脊椎动物为食，双壳类、螃蟹、虾、海葵，甚至鱼类都是它们的美味，有时它们也被沉于海底的动物残骸所吸引。它们的摄食方式多样，有的“细嚼慢咽”，有的狼吞虎咽；有的来者不拒，各种猎物都吃，有的挑挑拣拣只吃海参类。

猎杀贝类时，海星会用腕足抓住猎物，用吸盘管足拉开紧紧闭合的贝壳。它们没有舌头，没办法吸出贝壳内的美食，于是干脆把自己特殊的贲门胃直接插进壳内，然后分泌消化酶，将贝类用来控制双壳开合的闭壳肌完全消化。这

海星猎杀贝类

样一来，外翻的胃就可以轻易地将美味的贝肉包裹起来卷入口中。不得不说，为了吃，它们还真是煞费苦心。

可并不是所有的海星都有这种技巧，一些腕足不能弯曲、腕足太短或者管足上没有吸盘的海星就难以捕食食用难度较高的贝类，于是它们将目光转向那些小型的甲壳动物或者是没有外壳的小型动物，一口将它们吞下。

此外，一些海星如太阳海星还会捕食其他的海星。太阳海星会像闯入羊群的恶狼那样追猎其他的海星。除了吃同类，太阳海星的食谱上还有海参、海葵、海蛞蝓等。

太阳海星捕食海葵

相对的，一些行动速度较慢的海星也获得了应对太阳海星捕食的对策，如让身体膨大使得太阳海星难以控制住它们，或者分泌有毒的黏液使得太阳海星有所忌惮。也有的海星被太阳海星逼到绝路便进行反击，或者通过自切留下自己的触手换得本体的逃生。海星具有强大的再生能力，被切断的触手还会重新长出来。

在深海生活的海星没有那么丰富的食物，为了在贫瘠的深海中生存，一些海星用纤毛进行滤食，靠着纤毛摆动，它们像清洁工一般将这些落到体表的残渣扫在一起，然后从步带沟再送入口内。

长棘海星，又名棘冠海星，也被人们称为“魔鬼海星”“珊瑚杀手”，最喜欢做的事就是成群结队地爬上珊瑚礁肆无忌惮地大吃特吃。这些浑身长满毒刺的“魔鬼”最大成体辐径可达 70 厘米，长有 8~21 条腕。进食时，它们会将自己的胃翻出来，吃掉珊瑚虫，只剩下骨骼。

长棘海星的体表长有细长的尖锐棘刺，可不要小瞧了这些棘刺，这是它们在珊瑚礁横行的“杀手锏”。这种棘刺带有致命的神经毒素，因此很少有动物敢于捕食这种海星。长棘海星爆发时，浩浩荡荡的海星大军会对珊瑚礁生态系统造成严重的破坏。这种可怕的灾难是由气候和人为因素共同导致的：一方面，暴雨等气候因素以及人类向海洋中排放的营养盐等共同作用，导致了珊瑚礁海域浮游生物的剧增，而长棘海星的幼虫正是以这些浮游生物为食；另一方面，由于人类的捕捞，长棘海星的天敌大法螺等数量锐减。

人们开始担心任由这种海星横行，可能导致珊瑚礁生态被破坏，物种多样性受到毁灭性打击。但海星有着强大的再生力，即使被切下的腕足也可以发育成完整的海星，这种顽强的生命力使得人们一筹莫展。人们开始往海域投放这种海星的天敌——大法螺，希望这些贪食的猎手去抑制长棘海星的扩张，达到保护珊瑚礁的目的。

红棘海星，最大辐径可达 30 厘米。厚实的身体为灰白色且有亮红色的突起从中心分别延伸到五个腕足末端，突起由艳丽的红色条纹连接在一起，看起来像网一样。繁殖方式为卵生，主要分布在印度洋。红棘海星是凶猛的掠食者，捕食行动缓慢的海

大法螺猎食长棘海星

红棘海星

绵、蛤蜊、软珊瑚、其他海星等。

海星腕足的末端，有称为眼点的结构，一般很难被发现。可是，如果你认为海星是靠着眼点来辨别方向的话可就要大错特错了。

海星体表长有很多小晶体，每个晶体就像是一部微型摄像头，海星可以通过这些晶体感知周围的环境。科学家对海星进行解剖后发现，海星体表的每个微小晶体就像一个完美的透镜。这些透镜使得海星可以全方位地观察周围的环境，这可比人类的眼睛高级多了。使得它们在规避伤害、捕食猎物上有着得天独厚的优势。

蓝指海星魅影

说到珊瑚礁中生活的海星，哪能不提到色彩斑斓中的那抹蓝——蓝指海星。它多栖息在水深 60 米以浅的印度 – 太平洋热带珊瑚礁海域中，体色除了梦幻般的蓝色外，还有粉色、紫色、橘黄色等，修长的腕足，慵懒的“大”字躺姿，使它成为水族箱中散落的观赏生物，还吸引了追随者水晶瓷笠螺。

水晶瓷笠螺是寄生在蓝指海星上的淡蓝色小螺。它贴在寄主身上，贝壳形状变得如帽贝一样，靠吸取蓝指海星淡蓝色的血液和淋巴液的混合物生活，它的淡蓝色也由此而来。

寄生在蓝指海星上的水晶瓷笠螺

菲律宾珊瑚礁中的面包海星

这种看起来就像是一个五角面包的海星叫面包海星，它们背上的棘刺退化，腕足又短又粗，看起来又像是个胖乎乎的馒头，因此又叫馒头海星。颜色多变，主要为红、褐色系，有斑点。它以碎屑和小型无脊椎动物为食，还吃珊瑚虫的活组织，只偶见于印度－太平洋的珊瑚礁区。中国的研究人员从面包海星中提取了具有抗癌作用的新海星皂苷。

海参

说起海参，人们会马上把它和名贵药膳联系起来。将之称为海参，并不仅仅指这类动物长得像人参，更多的是因为这类动物中的许多种类的药用价值堪比人参。科学研究发现，许多海参作为药用资源，在多个医学领域发挥了重要作用，已知的就有提高人脑记忆力、延缓人体性腺的衰老、抗肿瘤以及预防动脉硬化等效用。

被 IUCN（国际自然保护联盟）红皮书列为脆弱物种的棘辐肛参

海参形态各异的触手

在海参的口周围长有一圈触手，这些触手是由它们的管足特化形成的，形状不一，有的有像雪花般膨大的基部，有的像是拉长的绳索……触手的形状也就决定了它们进食的方式。海参进食时，会将自己特化的触手伸展到海水中，这些触手的表面覆盖着一层黏液，可以黏附水流中微小的浮游生物和碎屑作为食物。一些海参也会摄食混在沉积物里的有机碎屑和微小生物，进食时，它们狼吞虎咽般把食物连同泥沙等沉积物一起吞进口中，海参没有胃，这些食物和沉积物会一起通过口、咽到达海参的肠。海参的体型不大，但是由于这种摄食习惯，它们排出的粪便量却大得惊人。

海参吐出长长的肠卷须

海参的颜色会因为周围环境不同以及物种的差异而不同，它们没有用来自卫的尖牙利爪，也没有庞大体型，它们避敌的惯用手段就是将自己融入环境中。当伪装失败时，它们的身体迅速收缩，挤压，迫使身体内的内脏从肛门排出来，喷向它们的敌人，从而分散天敌的注意力，海参便乘机逃之夭夭。在合适的条件下，经过一段时间，海参的内脏还会再生。

可是有的时候危险在一瞬间来临，海参甚至没有时间完成这个排出内脏的过程，柔软的身体可能瞬间被掠食者撕成碎片，然而，海参顽强的生命力使得它们即使在被撕成好几块碎片的时候也可以存活下来，包含肛门的碎片可以再生成新的个体。

海参这种顽强的生命力可能和它们的行动缓慢以及缺乏有力的保护结构的特点有关。它们靠着短小的管足在海底爬行，管足分布在腹部，一般有三列。它们的活动十分缓慢，一个小时过去了，它们可能仅仅移动 3~4 米，这种速度甚至比蜗牛还慢。它们也没有坚硬的外壳，螃蟹锋利的双螯可以轻易地撕开它们的身体，然后大快朵颐。面对天敌的捕食，海参只能“弃车保帅”。有的海参种类也可以分泌一些毒性黏液，但只能起到协助逃跑的作用，而不能杀死对方。

梅花参属的一种

上图中这个优雅美丽的家伙是梅花参属的一种，它们属于海参中的“大块头”，体长可以达 30 厘米左右，白色的背部分布有许多尖尖的突起，周围环绕着精细繁复的花纹，突起的棘刺可以帮助它们防御敌人。在珊瑚礁的外缘斜坡上，它们用自己的管足吸附在珊瑚上，或者匍匐在泥沙上，远远看去像是一丛美丽的花朵。

巨梅花参是海参家族中重量级的一位，又名王海参，其名字也足够说明它们是多么的霸气外露。

巨梅花参

海参往往独来独往，可有时也会寻找合作伙伴，如同小丑鱼和海葵的共生关系，海参也会招揽一些“房客”，这些“房客”靠着帮海参清理皮肤碎屑来交付“房租”。与海参共生的生物种类很多，包括一些清洁虾、小鱼、紫斑光背蟹以及蠕虫等，它们耐心地为海参清除皮肤上的碎屑，并且以此为食物来源，而海参则给它们提供一个良好的藏身之所。还有一些“房客”栖息于海参的肛门内。有的生物只有幼体生活在海参体内，当它们成年之后，有足够能力面对海洋这个庞大的“社会”时，就从这个藏身之所搬出。

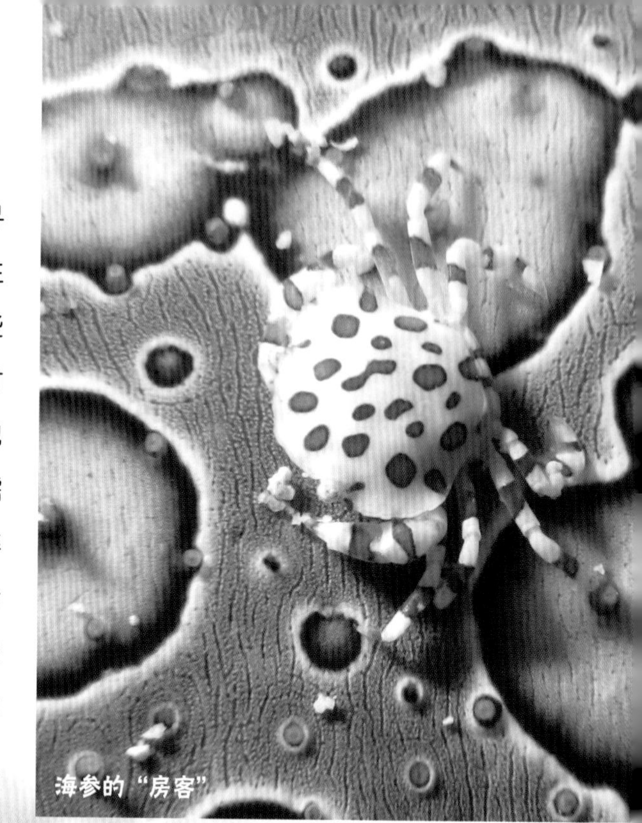
海参的“房客”

海参的房客

海百合

海百合鲜艳的触手在海水中自由舒展，纤长的腰肢随波摇曳。远远看去，这些生物就如画家笔下的鲜艳花丛，有着大胆的配色和夸张的姿态；它们又如童话世界中的奇花异草，每一条触手就如一根魔法棒，将人们的眼球紧紧抓住。

它们长得像极了植物，有着优雅妖娆外形，由此得名海百合。海百合虽然看起来像植物，却是棘皮动物中最古老的种类，是海洋生命演化的见证者。

海百合主要分为有柄海百合和无柄海百合。有柄海百合把长长的柄就像船锚一样扎根海底或者固定在珊瑚礁上，柄上端羽毛状的触手在海水中舒展，触手上包含了所有的内部器官，它们靠着上面的纤毛可以将海水中的浮游生物和有机碎屑扫向口中，利用这种摄食方式填饱肚皮。它们随波摇曳的触手形态各异，有的像是蕨类植物的叶子，有的像是蒲扇，有的又像美人的长发，有着丰富的色彩，把整个珊瑚礁装点成了一个美丽的“大森林”。

有柄海百合的一生要面对许多的“挫折”，由于缺乏发达的行动器官，它们往往受到鱼群的“蹂躏”。鱼群常冲向海百合，咬断海百合的柄，吞食海

美丽妖娆的海百合

百合的触手，成片的海百合为珊瑚礁鱼类提供了丰富的食物。

而无柄海百合则可以借助触手在海水中自由游动，就像海洋中的“徒步旅行者”。这种可以自由活动的海百合，又被称为海羊齿。

有些可以游动的海羊齿又被称为“羽星”，它们悠悠漂浮在海水中，伸展的触手像羽毛一样轻盈。有的羽星含有毒素，大多数鱼忌惮毒素不敢贸然下口，可是“一物降一物”，碰到一些不怕这种毒素的鱼时，羽星就难逃虎口了。

大型海羊齿本氏海齿花喜欢生活在暴露的珊瑚礁岬上，可以长到 300 毫米长。它的颜色变化很大，有黄色、棕色、紫色等。它有 31~120 条羽毛状的触手，用以捕捉食物。口在小圆盘状身体的上侧，在触手之间。在生命之初，它依靠一根柄附着在海床上，待发育成熟后折断了柄，自由自在地生活，以碎屑、浮游植物和浮游动物为食。

本氏海齿花

有柄海百合

海胆

当我们的视线从美丽的海百合转向珊瑚礁的另一边，也许能看到这样的场景——看起来像是被丢弃在海底的一粒板栗，又像是一只蜷缩着的刺猬，其实这是海洋中的另一类棘皮动物——海胆。

海胆和海参、海星之间有着较近的亲缘关系，它们的身体结构类似。海胆的内骨骼愈合在一起，形成了一个封闭的球形、半球形、心脏形或扁盘形壳，内脏都被包裹于其中。

海胆

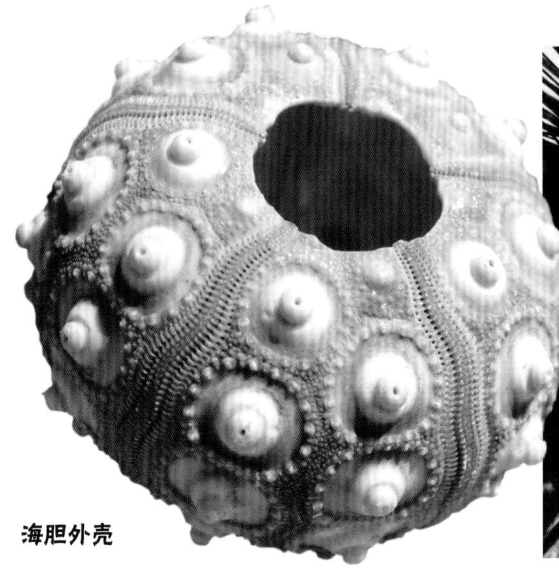
海胆外壳

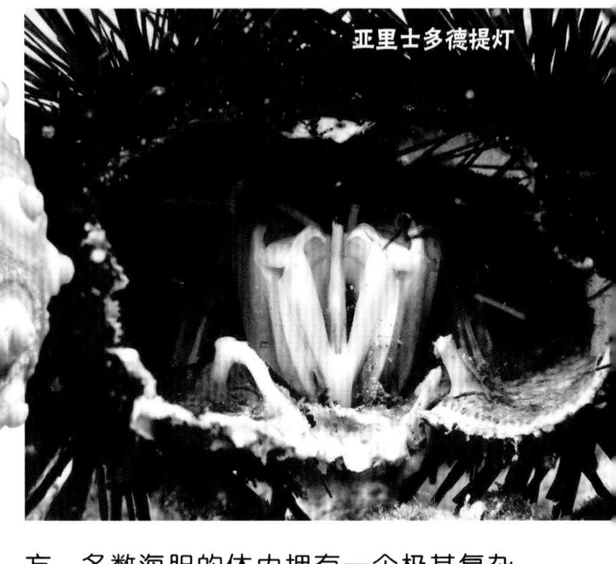
亚里士多德提灯

海胆的壳外面密布管足和棘刺，棘刺的形态各异，有些海胆的棘刺如同长矛般锋利，有些则又粗又长，石笔海胆粗壮坚硬的棘刺甚至可以用来制作烟斗。在坚硬的棘刺之间往往生有许多柔软的管足，用于在海底移动或附着。海胆的口朝向下方，多数海胆的体内拥有一个极其复杂的咀嚼器，海胆的咀嚼器被称为“亚里士多德提灯”或者简称“亚氏提灯”，由众多复杂的骨质结构以及牵引其活动的肌肉构成，用于磨碎食物，如海藻及小型的无脊椎动物。它的命名与古希腊著名的哲学家、科学家亚里士多德有着不解之缘，亚里士多德在自己的著作《动物志》中将海胆精美的咀嚼器比喻为“没有蒙皮的提灯”。

石笔海胆

海胆主要以覆盖在岩石上的藻类或海草为食，有些也食珊瑚或沙子中的微小食物颗粒。它们是典型的“吃货”，经过食物丰富的地方时，便放慢了脚步，慢慢享受“用餐”的快乐；如果食物比较少，它们便加快速度，像“吸尘器”一样将周围可以吃的一扫而光。

海胆沦为蟹将军的腹中餐

虽然海胆有长而尖的棘刺保护自己，有些棘刺甚至有毒，但有时依然无法摆脱沦为“盘中餐”的命运。当它们遇到“铜皮铁骨”的蟹将军时，就像是坚固的盾遇上了锋利的矛，蟹将军无视海胆棘刺的危险，执锋利双螯，像一个熟练的“理发师”三两下便将海胆的棘刺统统剪下，而海胆也只能乖乖束手就擒，沦为蟹将军的腹中餐。

狼鳗捕食海胆

有一种专门吃海星的动物——狼鳗，它们的上颚有厚厚的护垫，所以不怕海胆的棘刺，这种动物长相丑陋，而且凶猛，又被叫作“大海怪”。它们捕食海胆时往往一口咬住，用锋利的牙齿撕碎海胆的外壳。

有些龙虾和隆头鱼也会捕食海胆，甚至于还有一些专门捡漏的“投机分子”，它们往往在海胆被捕食的“案发现场”，等待捕食者离去之后打扫战场。

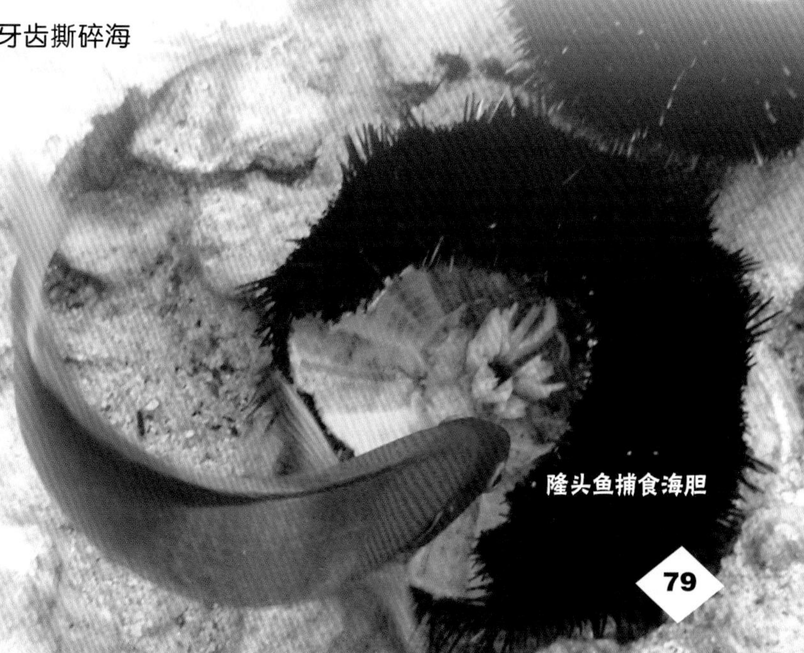
隆头鱼捕食海胆

囊海胆

紫海胆

这么多的天敌使得海胆的生存显得尤为艰难，而海胆天生胆小，看到敌人便只想着逃跑，而不抵抗，可是缓慢的移动速度使其难以顺利逃脱敌人的“追击”，被瞄上的海胆就只剩被吞食的命运。因此，为了不被发现，生活在海底的海胆常躲在礁石缝里或是海藻之间。

囊海胆是海胆家族中的“巫师”，色彩妖艳，它的管足一端还有紫色的乳状突起，远远看去就像是海水中的一盏明灯。身体顶端有一个毒囊，可以分泌御敌的毒液，如果有人不小心被棘刺刺中会引起剧烈的疼痛。

体型偏小的紫海胆散落在海底岩石之间，就像海洋中的一片“薰衣草”。它们的管足和棘刺分布很密，也很短小。

在维持生态系统的稳定性和在控制珊瑚发展趋势方面，草食性动物发挥着调解员的作用。尽管这种作用并非直接作用于珊瑚，却通过它们对于海藻生长速度的控制间接作用于珊瑚，这也算得上是“无心插柳柳成荫”。在加勒比海区，海藻一旦疯狂生长，往往会与珊瑚抢夺栖息地，有限的资源使得它们必然形成一种你强我弱的竞争态势，于是海胆“粉墨登场”，通过它们对海藻的吞食，使得海藻疯狂的生长速度得以减缓，防止了大面积扩张的海藻对于珊瑚生长的影响。以此类推，一些顶级捕食者对于珊瑚礁生态系统也有着重要的调节作用，它们通过对食草性动物的捕食，防止珊瑚礁生态系统因海藻的大面积消退而失衡。

但是，人们往往容易忽视食物链中任一环节对于整个食物链的重要作用。例如，在肯尼亚珊瑚礁，人们对食物链中以海胆为食物来源的顶级捕食者过度捕捞，此消彼长，海胆数量因此猛增，海胆疯狂猎食作为珊瑚礁保护层的海藻，使得依赖海藻生存的其他生物也大量减少，由此破坏了珊瑚礁整个生态系统的平衡。所以，当一个珊瑚礁食物链的某个营养极的物种数开始疯狂增长或是消减的时候，我们就应该明白这是珊瑚礁做出的一个预警：某些因素或许正在影响这个系统的平衡。

至此，我们对海洋中的大多数棘皮动物都有了基本的认识和了解，海星、海参、海百合、海胆，这些在以往看起来陌生或熟悉的海洋生物仿佛一下子变得生动起来。可是看到下面这类生物时，你会把它们认成棘皮动物吗？

海蛇尾

海蛇尾的外形与海星有几分相似，它们的身体都呈五辐射对称（或五的倍数），但与海星不同的是海蛇尾的中央盘与腕足之间有着明显的接线，腕足数量往往是特定的五条，极少能看到六条腕足的海蛇尾，偶尔会出现因为发育异常而只有四条腕足的海蛇尾。海蛇尾的腕足很长，占据整个身体的绝大部分，长长的腕足像蛇尾一般，可以任意卷曲和缠绕，腕足上的管足往往特化为触手。

海蛇尾

篮海星

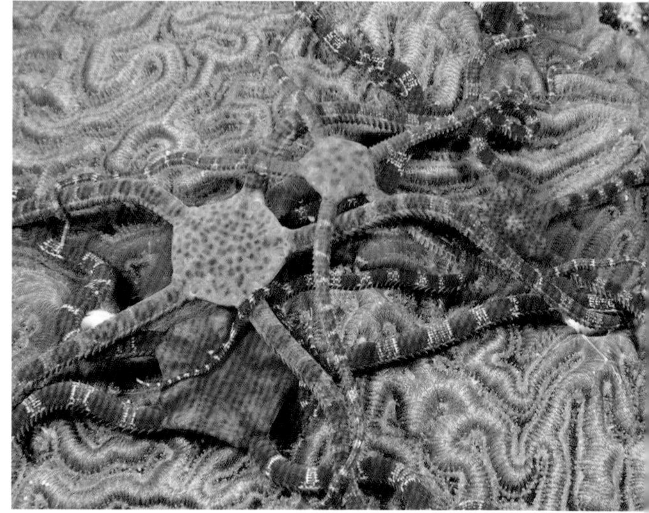

群居的海蛇尾

篮海星，虽然名字叫作海星，其实是一类海蛇尾。它们的腕足尤其细长，比中间盘的直径长数十倍，腕足具有丰富的分支，虽然它们腕上没有海星那样的管足，并不能像海星一样利用吸盘捕食，但是它们有自己的方法，有的用自己灵活的可以自由弯曲的腕足缠绕住食物，就像蟒蛇缠绕猎物一般，活像身体上长满眼睛的“百眼巨人”，又像编制精巧的篮子；也有的张开它们的腕足，密密麻麻的分支在水中伸展开来，就像一张巨大的蜘蛛网。它们的管足上有一层黏液，海水中的浮游生物和有机碎屑就被吸附在上面，再传送到自己的口中。

海蛇尾是群居动物，往往集中在一个地方生活，层层叠叠，当你在海洋中看到一只海蛇尾时，或许就能找到它们的“部落”。海蛇尾是很多海胆的食物，由于缺乏攻击力，腕足又细又脆，时常被捕食者大卸八块，可是，海蛇尾的再生能力比海星还要强，被割下来的腕足可以发育成完整的海蛇尾个体，而被割除了腕足的海蛇尾过一段时间又可以长出新的腕足。强大的生命力，使得它们的种群往往很大。

软体动物

软体动物它们是仅次于节肢动物的第二大动物类群，在漫长的进化史中，这类生物进化出适应各种环境的功能和构造，在世界上分布广泛。软体动物因为身体柔软而且不分节而得名，躯干没有和头部分离，大多数种类的头部和足愈合在一起，一般分头一足和内脏一外套膜两个部分。软体动物大多是温顺的“绵羊”，在进化中，它们的外套膜可以分泌物质形成贝壳用来保护内脏，腹足纲的种类还可以把头、足缩进随身携带的“避难所”。一般来说，固居一地、活动较少的种类，头部相对不发达或者退化

形态各异、多彩的软体动物

消失；而跋涉奔波、颠沛流离、活动频繁的类群则头部较发达，还具有比较发达的感觉器官。

软体动物是珊瑚礁生物群落中种类最多的一类。如世界上最大的珊瑚礁大堡礁，软体动物达 4 000 余种。它们大部分都栖居于海底，因为行动不够迅捷，捕食工具不够凶猛，它们主要还是以一些藻类，浮游生物如水螅虫、苔藓虫以及海葵作为食物来源。它们可不讲究荤素搭配，只要是适合它们的，都统统收下。

在珊瑚礁的形成过程中，软体动物坚固的贝壳还发挥了重要作用，这种硬壳的主要组成成分是碳酸钙，它们一部分附着在珊瑚礁上一起形成珊瑚礁的骨架，其余部分则沉入海底作为珊瑚礁的沉积物存在。值得一提的是，这种坚固的硬壳不仅仅实用，还有着不错的视觉效果，我们时常能在退潮的海滩上发现它们的踪迹，形状千奇百怪，因此往往被制作成精美的工艺品或展品以供人们欣赏。然而当它们成为高昂的商品之后，常常因过度的捕捞而数量大减。

长砗磲

头足类

● 鹦鹉螺

鹦鹉螺，在距今5亿年前，它们就出现了。那时候的鹦鹉螺堪称海洋里的顶级捕食者，凭借着庞大的体型、灵敏的嗅觉和凶猛的喙称霸整个海洋。因为外形像鹦鹉嘴，由此得名“鹦鹉螺”。这种生物被誉为“海洋中的活化石”。鹦鹉螺是现存最古老、最低等的头足类动物。

鹦鹉螺将自己的身体包裹于厚大的外壳之中，只露出头和足。头和足愈合在一起，足位于头的前方。足特化为腕足和漏斗，腕足由多个细小的触手组成，与乌贼不同的是，鹦鹉螺的触手上没有吸盘。腕足数目并非是统一的，一般雄性只有60条腕足，而雌性则有90条，雌性多出来的腕足生于口周围。这些腕足有各自的分工，有的负责警戒，有的负责摄食。鹦鹉螺的腹部有几条腕足结合在一起，然后膨大形成类似毛毯的结构盖在腹面，当头、足缩入壳内时，这块“毛毯”就将出口覆盖，鹦鹉螺的身体就与外界隔离。

鹦鹉螺主要生活在热带珊瑚礁海域，一般在夜间活动。白天为了躲避捕食者，它们会找个安全舒适的地方附着在珊瑚礁上，或在暗礁斜坡上徘徊；夜晚，它们在海底匍匐前行，捕食猎物。它们的食物主要是小虾、小螃蟹及弱小的鱼类和其他软体动物。鹦鹉螺触角上有凹槽和脊状物，用于抓住食物，把食物送到嘴里。

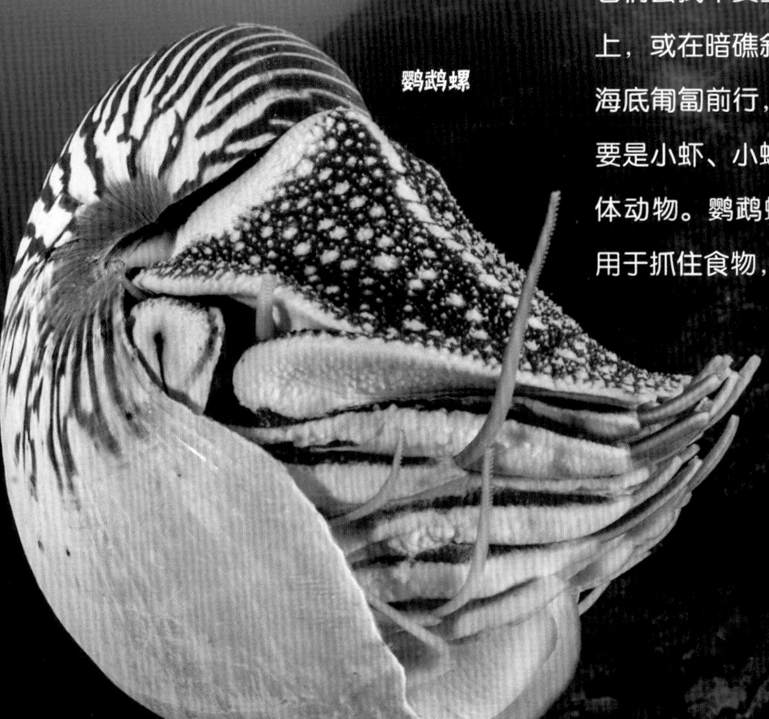

鹦鹉螺

鹦鹉螺

鹦鹉螺化石

康吉鳗是鹦鹉螺最主要的天敌之一。它不仅异常凶猛，而且诡计多端，常出没于珊瑚丛中袭击其他动物。当康吉鳗发现鹦鹉螺时，便用肥厚的尾鳍将海水搅浑，一动不动地等到鹦鹉螺游到近前时，猛地将其一口咬住，先将鹦鹉螺的头、足吃掉大半，再将其剩余部分从壳中拽出留做下一餐。

为了适应变化了的环境，躲避天敌，鹦鹉螺移居到较深的海区，并习惯了缓慢的生活方式，在捕食、进食过程中，尽量让自己的能量少消耗。虽然大多数头足类动物的寿命都很短，但鹦鹉螺的寿命可能超过 20 年，在 5~10 年内成熟。雌性一年只产 12 粒左右的卵，这需要 14 个月的时间孵化。

无数生物在岁月中来了又去，鹦鹉螺的躯壳也许在沧海桑田的变化中渐渐被销蚀，也许机缘巧合下成为琥珀、化石被保留下来，让人们得以更好地探寻这些 5 亿年前就存在的生物。多姿多彩的珊瑚礁吸引着众多的海洋生物来此安家落户，在弱肉强食的复杂海洋环境里，鹦鹉螺那一身漂亮的颜色，就是为了使自己更好地融入环境中，从而在激烈的竞争中存活下来。

可是如今只有在南太平洋中才能找到这种生物的踪迹，不禁引发我们的思考：该如何爱护我们赖以生存的地球呢?

自然界很多动物都可称得上是人类的老师，它们对环境的适应能力，生存的智慧，使得人类获益良多。人类根据鹦鹉螺的结构特征造出了潜水艇，我们才能借助潜水艇探索海底世界。

乌贼、章鱼、鱿鱼、墨鱼、八爪鱼，看到这些称谓，你是否会生出这样的疑问，乌贼和墨鱼是什么关系？鱿鱼就是乌贼吗？乌贼和章鱼的区别是什么？……如果不了解这些生物的具体特征，我们恐怕真的会一问三不知了。

- **乌贼**

乌贼，在遇到强敌时往往会喷出体内墨囊中储存的墨汁，这种墨汁可以迷惑敌人，协助它们逃生，由此乌贼又被称为墨鱼。但是墨鱼不是鱼，它们实际上是软体动

乌贼

物（贝类）。这类生物怎么能和贝类扯上关系呢？原来，多数贝类的贝壳长在躯体外部，而乌贼的“贝壳”却长在了躯体内部，这种内生的“贝壳”同样可以保护乌贼的内脏团。神奇的是，这种内生的骨骼疏松多孔，可以像鱼鳔一样储存空气，增加浮力，便于其在海里快速游动。此外，乌贼还可以吸入海水，然后猛力喷出，像火箭发射般游动。当乌贼悠闲进食时，如果天敌突然出现，其发达的感觉器官会迅速做出反应，先是立刻从墨囊中喷射出墨汁混淆敌人的视线，然后借助这股推力并利用腕足向后猛推，便逃之夭夭。说乌贼是海洋中的“火箭”“机灵的小贼”再贴切不过了。

乌贼的皮肤还具备色素小囊，可以随情绪做出改变，丝毫不加以掩饰。当它心情愉悦时，看起来就像绵羊般温顺可爱；而当它发怒时，外表看起来又会像狮子般凶恶。因此，说它是海洋中的“变色龙”也不为过。

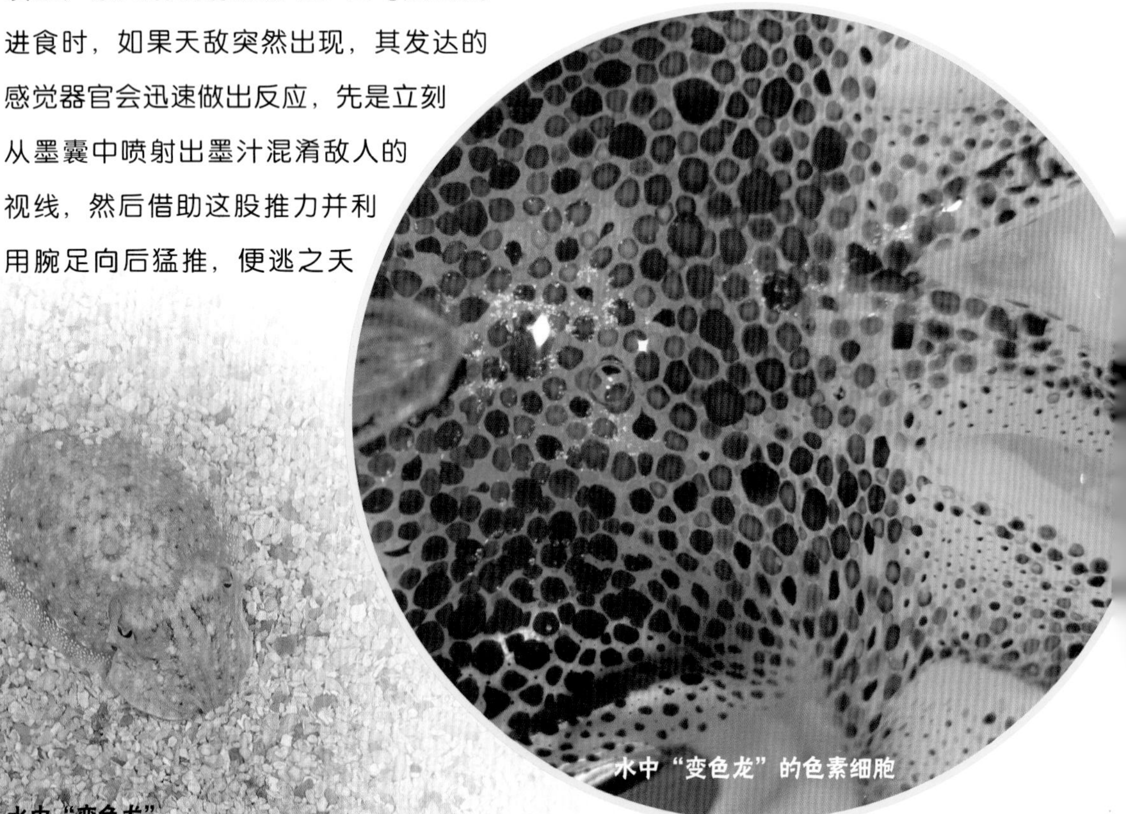

水中“变色龙”的色素细胞

水中“变色龙”

虎斑乌贼

虎斑乌贼得名于它体背上分布的虎斑，远远看过去就像身上披着一张虎皮。在虎斑周围还有透明的外套膜，在水中游动时就如同芭蕾舞者的裙摆轻盈曼妙。虎斑乌贼完美诠释了“静若处子，动如脱兔”这句话，为了接近猎物，它们会变换自己的颜色，慢慢地靠近，或是静静地等待，当意识到捕食时机到了的时候，它们就像闪电一般出击，触手在一瞬间把猎物牢牢抓住，然后送进嘴里美餐一顿，不给对方逃生的机会。虎斑乌贼主要分布在暖水海域，中国南海、东海都有分布，同时其作为一种可以食用的乌贼得以大规模养殖。

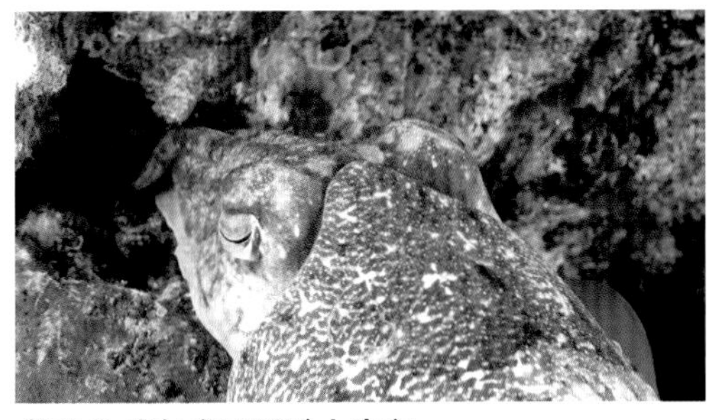
虎斑乌贼在礁石裂缝中产卵

虎斑乌贼的卵

柳珊瑚

柳珊瑚牢牢地附着在海底岩石上，伸展它那长达10厘米的“枝条”，借由“枝条”上的多个分支及附着在上面的如同毛发的羽状触须，随着海水的流动优雅飘动，而这种独特的舞动，并非是多余的娱乐活动，而是它们的捕食行为，它们可以捕捉到海水流动时带来的小型生物。而我们之所以要提起它们，是因为柳珊瑚是乌贼产卵的主要“产房”，乌贼卵能够吸附在柳珊瑚上，进而完成发育。而自20世纪70年代末开始，人们大量使用乌贼拖网在海底捕捞乌贼，这种反复拖网的捕捞行为也导致了柳珊瑚资源的破坏，无异于竭泽而渔。因此，不久后人们可能就很难再捕捞到乌贼了。经过长时间的休养生息，柳珊瑚才得以逐步恢复，乌贼也重新繁衍起来。不仅仅是柳珊瑚，对于乌贼产卵其他的附着物比如大型海藻，如果遭到人为破坏，同样会使得乌贼种群数量受到剧烈影响。

普氏乌贼

各个种类的乌贼体型差别很大，有些是小个子，如一些养殖品种身长最大只有十几厘米；而有些却是实实在在的大家伙，世界上最大的乌贼长可以达10米以上。普氏乌贼虽然在体型上不占优势，在颜值上却独领风骚。椭圆的身形，粉红色的骨板，蓝色的血液，几乎等长的腕足，丰富多彩的体色，往往有利于诱惑猎物靠近，说得上是靠“颜值”吃饭。

枪乌贼

● 鱿鱼

我们生活中常吃的鱿鱼属于十腕总目枪形目，包括枪乌贼科、柔鱼科及菱鳍乌贼科等科的成员。其中，枪乌贼身体细长，因像一杆标枪而得名。枪乌贼有 5 对腕足，其中 4 对相对较短，每条腕足上都有吸盘用以抓住猎物。这些腕足是它们捕食、游泳的主要工具。枪乌贼肉质鲜美，体内的“内骨骼”也可以入药。

枪乌贼的卵

枪乌贼是凶猛的肉食性动物，食物主要是小公鱼、沙丁鱼、鲹和磷虾等小型中上层种类，也大量捕食其同类。枪乌贼本身又是金枪鱼、鲐、带鱼和海鸟的重要食物。

枪乌贼科中的银磷乌贼

• 章鱼

章鱼，在动画片中一直是智慧的化身，被称为“章鱼博士”。

从外形上可以看出章鱼和乌贼、鱿鱼的区别，章鱼头部比例相对较小，整个身体中腕足占据大部分，最明显的是，章鱼只有八条腕足，所以也被叫作八爪鱼，而乌贼、鱿鱼是十条腕足。

大多数的章鱼选择在岩礁碎石之间盖起它们的“温馨小屋”，为了房屋的安全隐蔽，它们还会用珊瑚碎片或是岩石在出口摆上“龙门阵”。其身体像袋子一样柔软，能挤过微小的缝隙。章鱼的大眼睛有眼睑，能适应昏暗的光线，光线通过晶状体投射到视网膜上，它还通过收缩瞳孔来控制进入眼睛的光量。白天，它们大部分时间都躲在巢穴里，夜间出来活动。但当巢穴受到干扰时，白天也能看到它们。章鱼的寿命很短，只有1~3年。其主要天敌是鲨鱼等大型鱼类以及海豚。

所有的章鱼都是出色的魔术师，它们或许是珊瑚礁中最善于表演的居民。在它

章鱼魔术师

们的体表有一种色素细胞，每一个色素细胞就像是画布中的一部分，而体表皮肤就是整张画布。通过收缩色素细胞，章鱼可以控制自己的皮肤呈现出不同的色彩。一眨眼的瞬间，章鱼就可能会在你的视野“消失”，变成眼前环境中的一部分，称得上是海洋里的“魔术师”。“魔术师”自然不会让你发现其秘密，当猎物进入“魔术师”的攻击范围，它们还不知道危险就藏在眼前那个不起眼的沙堆上、石头间。而当敌人来临时，“魔术师”便吐出身体里储藏的墨汁，扰乱敌人的视线，转眼间遁走。

壮士断腕

“魔术师”并不是每次都能顺利地逃脱敌人的追捕，偶尔也会运气不好被抓住，这种聪明的生物便会舍弃被抓住的腕足。有时候遍体鳞伤，八条腕足所剩无几，有时候万幸只失去一条腕足。失去的只是腕足时，它们可以很快长出新的腕足。这对于它们的生存是很有利的。

不挑食的养生主义者

章鱼是认真的养生主义者。它们吃的主要是虾、蟹等动物，丰富的虾青素可发挥抗氧化的作用，以维持自身结构的稳定。它们还吃贝类，通过腕足上密密麻麻的吸盘牢牢抓住食物送进腕足围绕的口中，用“牙齿”（喙形颚片）咬碎坚硬的贝壳。

知识链接

蓝环章鱼捕食

蓝环章鱼是章鱼中的小个子，它们的身体长度不超过 10 厘米。它们生活在珊瑚礁的浅水区。像其他章鱼一样，它们生活在洞穴里，只出来寻找食物或伴侣。避难所的入口到处都是蓝环章鱼吃剩的蟹壳、蟹腿等，因此很容易辨认。

蓝环章鱼体表的亮蓝色圆形图案是对周围生物的一种警示，致命的毒素让其成为地球上最毒、最危险的海洋生物之一，能够给捕食者致命的一击，甚至对人类都是致命的。蓝环章鱼的捕食者有海鳗、石斑鱼、鲸、海豹和海鸟等。

椰子章鱼

钻瓶子的特殊“癖好”

人们发现，大多数章鱼都有一种特殊的癖好，就是钻进狭小的容器中，不管是海底沉船中的瓶瓶罐罐，还是海底沉积的空贝壳，它们都趋之若鹜。它们将自己蜷缩在小小的容器之中，好似在寻求庇护，又好似在“捉迷藏”。有渔民利用章鱼的这种“癖好”，把空的容器放入海中，还真的有章鱼钻进容器中，只要往容器里放入一点盐粒或者其他刺激性的东西，它们又很快从容器中钻出来。

椰子章鱼的触手是头的 3 倍长，体型较小，身体为褐色。它们会取来那些被人类丢弃在海底的椰子壳作为居身之所，以躲避敌人的攻击，这可能是其名字的由来，也会钻入贝壳栖身在其中。它们喜欢搬运石块和硬壳来建筑自己的居所。

椰子章鱼钻贝壳

双壳类

在海洋中还有一类软体动物，柔软的身体完全藏在两片钙质外壳之中，外壳和肉体以闭壳肌相连，并通过闭壳肌控制外壳的开合。这就是双壳类动物。

大多数双壳类动物都为底栖动物，也就是在水底爬行，或在底质中挖穴隐居，或附着在其他物体上生活，这种附着生活使得它们的捕食很被动。它们往往伸出头部，在海水中来回晃动，利用头部的黏液粘住海水中漂浮的浮游生物；也有的是直接吸入海水，过滤海水中的可食用部分，再把海水排出，这种进食方式称为滤食。

扇贝的蓝眼睛

某些双壳类动物虽然没有长距离游泳的天分，但是可以凭借贝壳的迅速开合，以及外套膜触手的摆动进行蝶式游泳。比如扇贝，当遇到天敌，它们的反应是像疯狂的响板一样，猛咬壳的两边（阀门），以“之”字形的动作逃离眼前的威胁，每

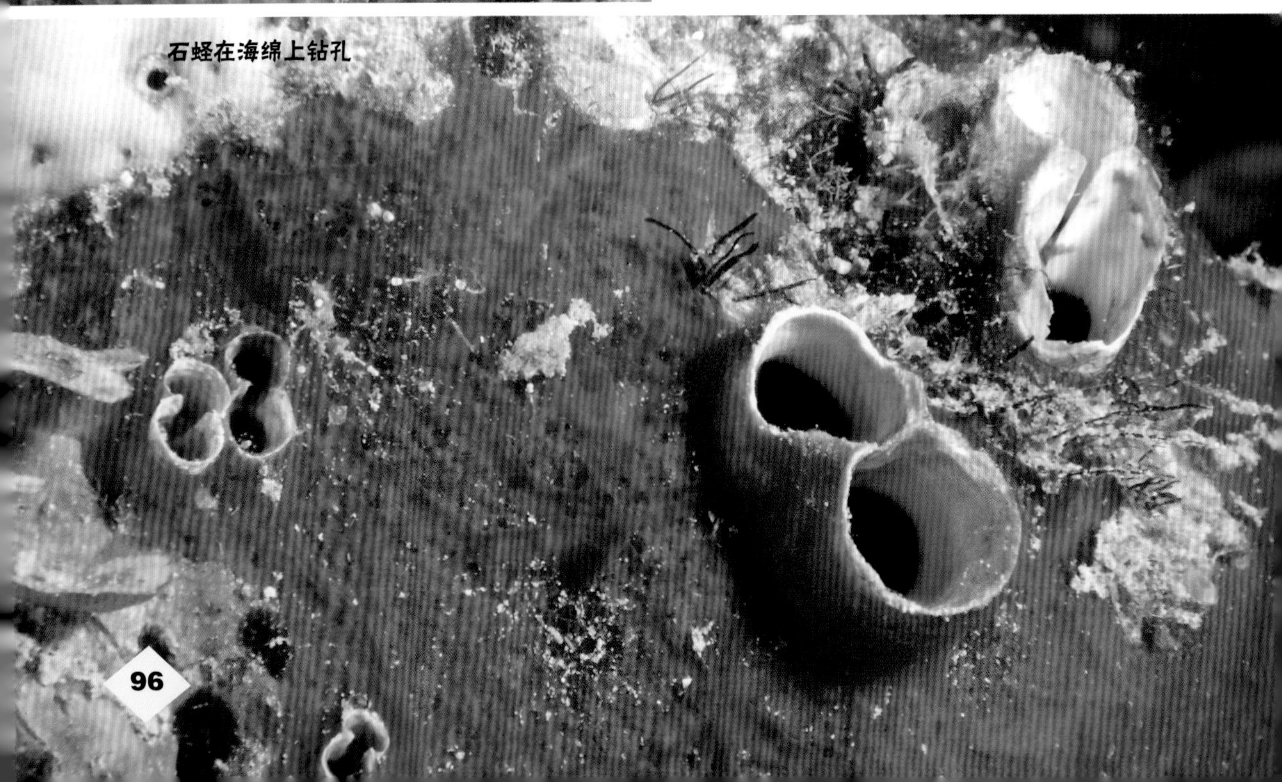
石蛏在海绵上钻孔

次壳啪的一声合上，就会喷出大量的水，借助这股力量将身体推向相反的方向。著名海洋生物学家爱德华·里基茨曾说过："仅次于章鱼，扇贝是所有软体动物中'最聪明的'。"蓝色的眼睛让扇贝在双壳类中显得如此独特。这些眼睛可以探测到光的变化，感知基本的运动。

有种贝类称为石蛏，在珊瑚礁或者岩石上通过穿孔"凿"出栖身之所，是名副其实的"宅男宅女"，通过发达的水管与洞外连通，汲取海水进入体内，吸收海水中的氧气完成呼吸，摄取水中的微生物和有机碎屑等作为食物。它们也许是通过这种方式躲避捕食者，进化成"蜗居"生物。

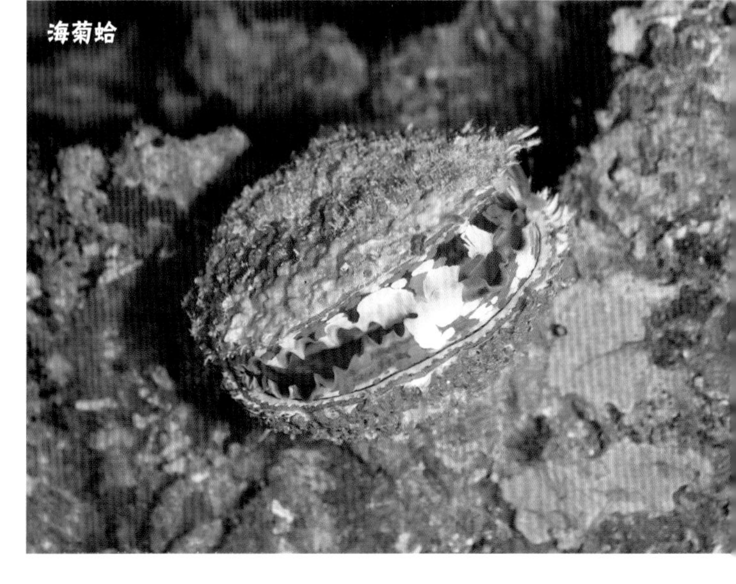
海菊蛤

牡蛎和海菊蛤都是附着在岩石上或者珊瑚礁上生活的双壳类。从生命开始的时候，它们就和附着的岩石或者珊瑚礁绑在了一起，以此抵抗风浪的冲击。海菊蛤是一种滤食性动物，它们被棘和一层附生体保护着，而且和牡蛎一样，可以产珍珠。

砗磲，生活在印度洋和太平洋的热带海区，其栖息水深可达20米。在那里，它们的生物量和覆盖范围甚至超过了珊瑚。但是，由于污染、大肆捕捞等原因，其数量正在迅速减少，这些巨大的双壳类动物在许多曾经很常见的地区甚至已经灭绝。澳大利亚一直是砗磲养殖业的先驱，并成功地实施了长期项目，让这些大型软体动物在南太平洋的礁石上重新繁衍生息。

砗磲的生长速度很快，可能与其在身体组织中培养藻类的能力有关。在巨大的壳包裹着的肉体上，共生着许多藻类，白天的时候，砗磲张开双壳，肉体伸到外面，使

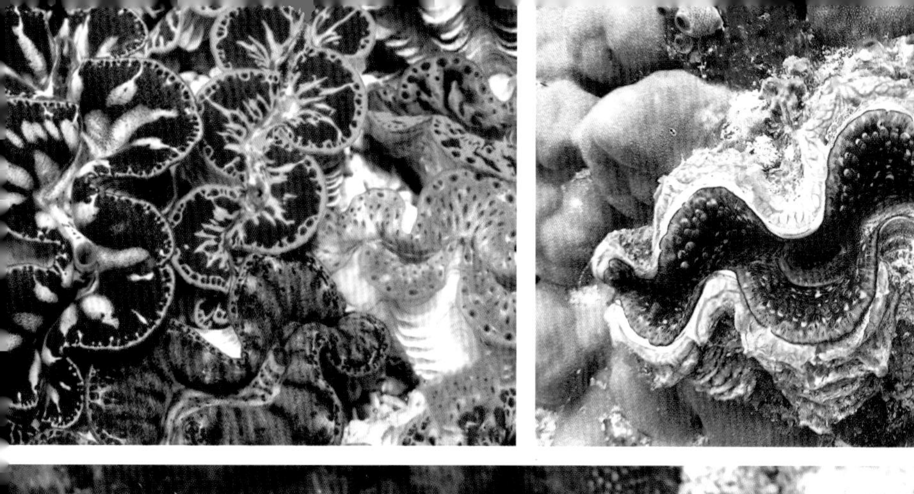

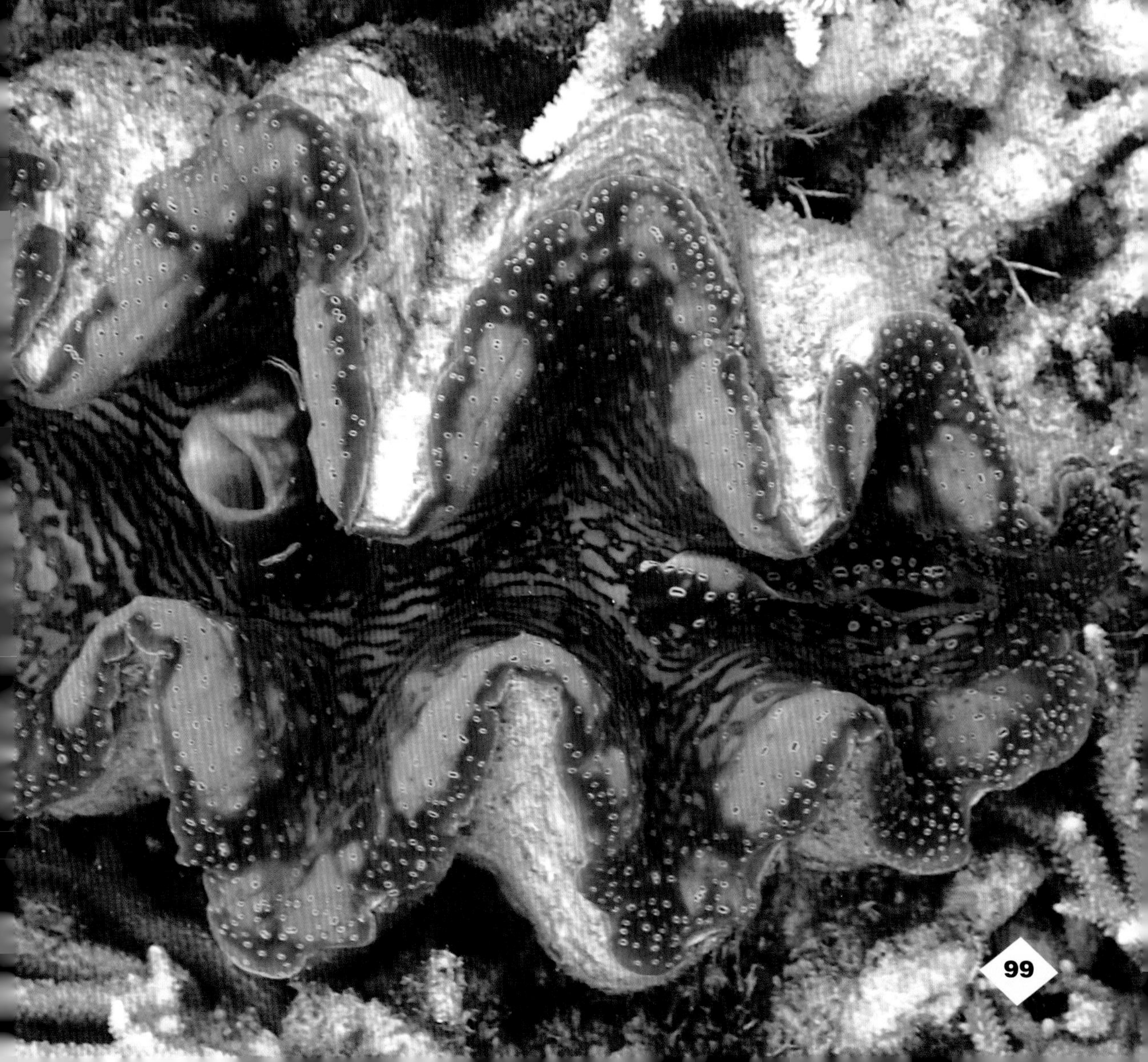

得共生的藻类可以进行光合作用。这些藻类由单细胞藻类组成，它们的代谢产物添加到砗磲的食谱中，能为其补充营养。因此，即使在缺乏营养的珊瑚礁海域，砗磲的壳也能长到1米长。

可以想象，砗磲就像一个巨人，带着自己圈养的食物，以巨大双壳为藻类提供栖身之所，将其为己所用，通过这些藻类强大的生产力满足自身的营养需要。我们不得不叹服其生存技巧。

黑蝶珍珠蛤，是珍珠牡蛎的一种，壳内部边缘为黑色。壳的外表面是深灰色、棕色或绿色，白色斑点很常见。

黑蝶珍珠蛤在印度－太平洋的热带珊瑚礁海域很常见，常附着在藤壶和其他硬底物上。生产珍珠的能力使该物种成为人类的宝贵资源。黑蝶珍珠蛤现在也有养殖，即使在低密度浮游植物条件下也能茁壮成长。

黑蝶珍珠蛤

海蛞蝓

形态各异的海蛞蝓

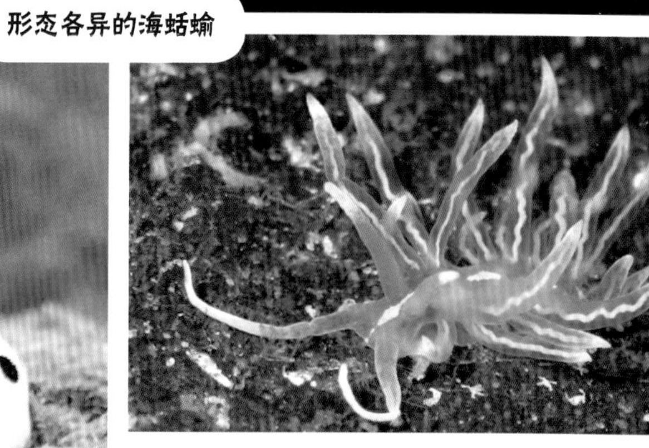

其实，裸鳃类动物称作海蛞蝓比较准确，多数时候“海蛞蝓”笼统地包含了海牛、海兔等软体动物。它们形态各异，头上有一对尖尖的触角，如同兔子的耳朵一般，体表色彩丰富，颜值很高，是颜色最鲜艳的海洋动物之一。目前已知的裸鳃类动物有 3 000 多种。

海蛞蝓对于它们的生活条件非常挑剔，多生活在水质清澈、食物（海藻、海绵）丰盛的海洋环境中。海蛞蝓有一套很奇特的本领，就是吃的海藻是什么颜色，其身体往往就是什么颜色。例如，一种以红藻为食物的海蛞蝓的身体颜色呈现为玫瑰红色，而一种以墨角藻为食物来源的海蛞蝓，其身体颜色为棕绿色。除此之外，有的海蛞蝓身体表面还会长出绒毛或者树枝一样的突起，或者是如同裙摆褶皱一般层叠的肉质，又可谓“以形补形”。如果对此进行科学研究分析，就不难知道，其实这是海蛞蝓将它们从食物中获得的色素保留在了自己体内，使得海蛞蝓的体形、体色及花纹与栖息环境中的海藻相近，这样可以减少不少麻烦和危险；有些海蛞蝓甚至还保留了猎物的有毒物质，用以防御敌袭。

张伯伦多角海蛞蝓捕食尾索动物

对于捕食者，海蛞蝓既能机智避敌，又能灵活防御。它们躲避天敌捕食的方式有三招：一招为“瞒天过海”。在它们的外套膜边缘下面有一个名为紫色腺的腺体，一旦遇到了敌人，它们就从这个紫色腺中释放出紫色的液体，将海水染成紫色，混淆了敌人的视线，逃之夭夭。一招为“毒气弹”。“毒气弹”，顾名思义，就是海蛞蝓随身携带的化学武器。在它们的外套膜前部，还有一个毒腺，能够分泌酸性的乳状液体，其气味异常难闻，而且还带有毒性，动物接触到这种液体，就会中毒，严重的甚至能导致死亡。大多数动物一闻到这种气味就会躲得远远的。还有一招是“金蝉脱壳”。为了保住性命，有所牺牲在所难免。当局势不利

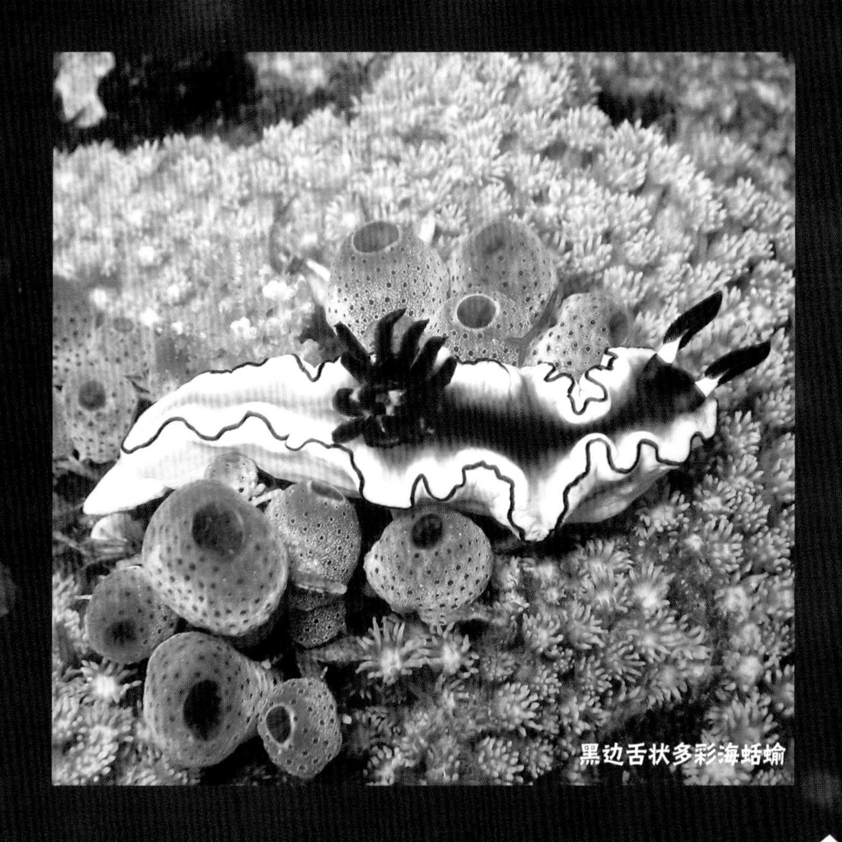
黑边舌状多彩海蛞蝓

的时候，海蛞蝓就会摆动身上的红色突起，这些突起中含有刺细胞和带有刺激性味道的腺体分泌物，关键的是即使这些突起被捕食者咬掉，也可以重新长起来。捕食者看到抖动的突起，怎么还能忍住它们的食欲，于是一口咬下，却不想是这么难吃的家伙，原本食欲大起的捕食者一下子就败兴而走。

黑边舌状多彩海蛞蝓，颜色为乳白色到黄色到淡棕色不等，体长至少为 60 毫米，主要分布在印度－太平洋热带和亚热带海域。它的身体通常有一条黑色带有褶皱的边，在身体前部依然有两只黑色兔耳朵“肉突”，身体中部有一簇黑色的“角”。其爬行时，褶边有时会像波浪一样移动。

莴苣海蛞蝓，它们的肉突更像是“独角仙”的角，在其背部特化出一层相互重叠的褶皱。当我们看到这种生物时，不得不感叹生命的绚丽多彩。它们像是翩翩少女身上白色的百褶裙，又像是白色的花朵一簇叠着一簇，将之称为“海洋女神”似乎并不为过。

海蛞蝓的繁殖方式很特别，一个个体有雌、雄两种生殖器官。它们往往在春天繁殖，为了多些延续后代的机会，会和很多同伴交配。它们基本不挑求偶对象，也不需要明显的动作，而是快速进入正题。例如，第一个海蛞蝓使用雄性生殖器官与第二个

莴苣海蛞蝓

六鳃海牛的卵团

海蛞蝓的雌性生殖器官结合，那么第二个海蛞蝓就会使用雄性器官与第三个海蛞蝓交配，如此重复，它们的交配往往成线状或者环状进行。

交配中的张伯伦多角海蛞蝓

海蛞蝓会选择在合适的夜晚产卵，产出的卵团附有黏液，往往会逆时针螺旋排列悬挂在岩石或珊瑚礁上。卵数从几十粒到几十万粒，依种类而异。但是，数目惊人的卵只有少数能够孵化成功，在生存问题上，海蛞蝓也与众不同。六鳃海牛，俗称西班牙舞者，它的卵团看起来就像放在岩石上的一朵红玫瑰。这些卵呈深红色，毒性很强，比其成体含有更多的毒素。

绿叶海蛞蝓，外形似一片绿叶，这不仅使得它们能够伪装自己躲避敌害，还让其拥有一种“超能力”——它们以海藻为食，能够将海藻中的基因合并入自己的染色体中，更加神奇的是，合并入体内的叶绿素能够进行光合作用，利用太阳能将二氧化碳和水转变为维持生存的营养物质。真让人匪夷所思。

绿叶海蛞蝓

海蛞蝓没有钙质外壳，可以更加自如地活动。它们可以主动制服并吃掉猎物，如海绵动物、被囊动物、蠕虫、海葵、水母、珊瑚虫、甲壳类、水螅虫，有时甚至是其他裸鳃类动物。有些研究者认为海蛞蝓更喜欢吃刚刚捕获浮游生物的水螅虫，因为浮游生物是很多海蛞蝓不能自己捕获的食物，这些浮游生物对海蛞蝓的食物贡献可能和捕获的水螅虫一样多，甚至更多。美国海蛞蝓研究专家帕特里克·克鲁格说，这种“偷吃你的饭，也吃掉你自己”的策略可能会改写生态学家对食物链的理解。

大西洋海神海蛞蝓捕食水母

甲壳动物

节肢动物门是动物界中最大的一个门类，其中主要生活在海洋中的甲壳动物是仅次于软体动物的第二大海洋动物门类，已知有 6 万余种。它们大多身披铠甲，这便是甲壳动物的外骨骼。这层外骨骼大多为钙质，对甲壳动物来说，精巧多样的外骨骼既是矛也是盾，在繁杂的珊瑚礁食物链中，甲壳动物同时扮演着捕食者与猎物的角色，依靠捕食技巧和防身之术活跃在演化之路上。

蟹类

在分类学上，蟹类是短尾下目动物的统称，也就是通常所说的螃蟹，它们大多有近方形或近圆形的身体，第一对步足特化成威风凛凛的大螯，后四对步足粗壮，身体下还折叠着扁平的腹部。所谓虾兵蟹将，虾的腹部长而富有肌肉，但步足较为纤细，适合游泳；而蟹类腹部逐渐退化，折叠在身下变成脐，步足却变得粗壮有力，便成了横行霸道的披甲将军。

虽说是披甲将军，但蟹这个汉字的由来却是解甲之虫的意思，古人把一切无脊椎动物都称为虫，而所谓解甲之虫便是会脱下盔甲的虫，这来源于蟹类蜕壳的习性。大螃蟹自然都是由小螃蟹长大变成的，蟹的肉体会随着年龄逐渐生长，但坚硬的壳并不会，因此它们必须定期换壳。刚刚脱下旧壳的螃蟹身体柔软，新壳需要一段时间才能硬化，此时的螃蟹最为脆弱，失去了往日的威风，只能灰溜溜地躲在石头下面，遇见敌人便三十六计走为上。

蟹蜕壳

从海面下的现生珊瑚礁与海岸珊瑚礁，到隆起珊瑚礁，都有蟹类的身影。蟹类既是大型掠食者口中的美味佳肴，也是横行一方的食客，多变的体形和行为模式赋予了它们多样的捕食和防身手段。

这个有着细长步足和扁平身子的小家伙是一种盾牌蟹，可以看见它的盔甲上有着电镀般鲜亮的条纹。与大多数蟹类一样，盾牌蟹是典型的机会主义者，它们食性复杂，平时主要吃素，以珊瑚礁上着生的藻类为食，但并不放过其他捕食的机会，随时准备抓几条状态不好的小鱼打打牙祭。虽然盾牌蟹不会游泳，但细长的步足和扁平的身子让它可以在各种地形条件下，包括在岩石上迅速爬行。

相比之下，梭子蟹的捕食策略更为积极，这类螃蟹有着扁平的游泳足，依靠这样的一对桨可以在水中快速游动。在短距离内这种横向的移动方式相当高效，它们可以快速冲到毫无防备的猎物身边，再用螯足将其制服。

在逃避追捕的时候，游泳足也是十分有用的，灵活的机动性给了它们更大的活动范围，梭子蟹可以用游泳的方式快速在珊瑚礁中穿梭，摆脱捕食者的追击。

荀子《劝学》有云："蟹六跪而二螯，非蛇鳝之穴无可寄托者，用心躁也。"我们都知道螃蟹其实有 8 条腿 2 只螯，而荀子却说蟹是"六跪"，这指的可能是梭子蟹科的某些物种，古人大概认为它们用于游泳的桨不能算是足。

跟吃货谈蟹类，总是离不开吃，有些蟹名字里就带着食物。这种身体呈半球形，活像个馒头的螃蟹叫逍遥馒头蟹，在日本、朝鲜、东南亚以及我国南部海域等都有分布。它行动缓慢，通常将自己埋在沙中，只露出一对眼睛观察情况。因为它用宽大的螯足将脸挡了起来，所以也有人叫它害羞蟹。不过这对特化的螯足可不是用来遮羞的，馒头蟹的主食是藏匿在泥沙中的双壳类，它有力的螯足能打开双壳类紧紧闭合的两片壳，这样就可以对鲜美的贝肉大快朵颐。

与矮胖矮胖的馒头蟹比起来，生活在大西洋西部珊瑚礁海域的箭蟹简直是"长腿达人"，它的步足很长，达到体长的 5 倍，可以说是"脖子以下都是腿"。它们会挥舞自己细小的螯足捕捉水中的浮游生物，性情较为温顺，行动也很缓慢。除了浮游生物外，箭蟹也会吃掉自己遇到的其他可以吃的食物，包括藻类和其他动物的尸体。

箭蟹捕食小螃蟹

逍遥馒头蟹

很多动物都会对珊瑚进行掠夺，大肆捕食珊瑚虫，如体型大的长棘海星，可以形成大的群落，在短时间内将一片珊瑚礁彻底摧毁，珊瑚既不能移动也无法还击，任其宰割。但有一些蟹类却自愿担任起珊瑚的卫士，拼上性命保护珊瑚免遭侵害。梯形蟹是一类重要的珊瑚共栖蟹，它们的体型娇小，头胸甲长大多不超过1厘米。比如，细纹梯形蟹雌雄成对生活在鹿角珊瑚的枝杈间，珊瑚礁就是它们赖以栖息的家园，鹿角珊瑚坚硬的石灰质骨骼为它们提供了良好的庇护，捕食者难以捕捉在珊瑚狭小的缝隙间穿行的梯形蟹。它们的主要食物为珊瑚分泌的黏液，生活起居完全依赖其房主珊瑚。而梯形蟹也会拼命保护自己栖息的珊瑚，用螯足不断攻击爬上珊瑚图谋不轨的海螺或者海星，这些行动缓慢的生物对小巧灵活的梯形蟹毫无办法，不久便会被打得遍体鳞伤，被迫离开。

与忠心耿耿的梯形蟹相比，花纹细螯蟹的防御手段堪称狡猾，它们分布在东南亚至澳大利亚附近海域，体型较小但诡计多端，珊瑚礁里的每个居民都清楚海葵是一类十分危险的生物，因为它们有毒的触手上长满了可怕的刺细胞。花纹细螯蟹就利用这一点，将海葵作为自己的护手“铠甲”。它们会用螯足抓住海葵的基部，走到哪就带到哪，一旦有天敌接近，它们就会像拳击手一样挥动海葵，利用海葵触手上令人憎恶的刺细胞把捕食者赶走，因此这些在拳套里藏“针”（刺细胞）的恶毒拳手也被形象地称为拳击蟹。

细纹梯形蟹

只剩一只螯足的抱卵拳击蟹

尽管蟹类身披重甲使出浑身解数防身，但总有失手的时候。珊瑚礁中不乏以蟹类为主食的生物。章鱼无论在速度上还是智商上都胜过蟹类，它们有力的腕足可以将蟹类五花大绑再用坚硬的喙碾碎盔甲；锤击型螳螂虾凭借子弹出膛般的攻击速度可以像敲开鸡蛋那样轻松地将蟹壳击碎。此外，许多拥有坚硬门齿的鲀类也可以轻松破“甲”享用鲜美的蟹肉。

对此有些蟹类采取了更为极端的防御手段。珊瑚礁中有许多色彩艳丽的蟹类，对于它们，下口前一定要三思，因为蟹肉中可能含有致命的毒素。珊瑚礁是“毒蟹”的大本营，临床医学中经过证实的毒蟹中，大多数来自珊瑚礁。如扇蟹大多有着标志性的扇面形头胸甲，珊瑚礁的一些扇蟹色彩艳丽、花纹繁复，头胸甲像是花团锦簇的扇面，实际上是一种警戒色，警告那些馋嘴的家伙吃了自己只会得不偿失，因为它们体内往往携带着致命的毒素。蟹类毒素通常为蓄积性毒素，最初由有毒甲藻等产生，然后通过食物链富集在贝类、鱼类以及蟹类体内。

这只颜色艳丽的扇蟹叫铜铸熟若蟹，分布于日本、东南亚，我国的海南以及西沙群岛等附近海域，头胸甲上密集的突起

铜铸熟若蟹

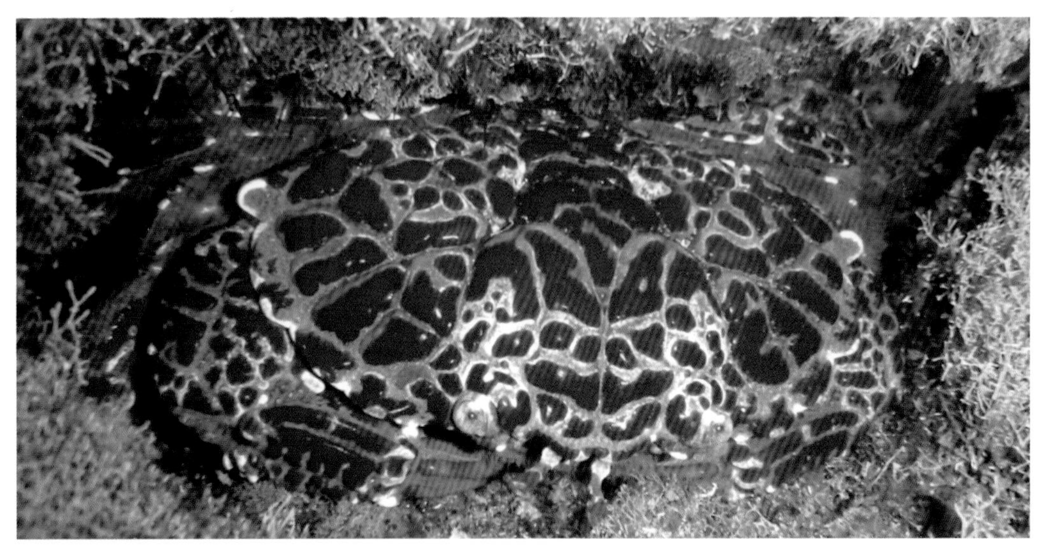

绣花脊熟若蟹

和淡蓝色的花纹便是危险的信号，一只 50 克重的铜铸熟若蟹所携带的毒素至少可以导致 7 个成年人死亡。可是仍然有不知情的人中招，这使它成为目前因被误食导致人类死亡数量最多的蟹类。

铜铸熟若蟹的亲戚绣花脊熟若蟹有着更加猛烈的毒性，被称为蟹中毒王。它们身上布满马赛克状的红白花纹，分布于澳大利亚、日本、东南亚以及我国的海南等附近海域，常以贝类为食，体内有的含麻痹性贝毒，有的含有河鲀毒素，无论哪一种都足以致命。

蟹类的物种多样性相当惊人，全世界已知 12 000 余种，它们是甲壳动物中最为高等的类群，多样的形态和灵活的生存策略也是它们横行海底的资本。蟹类在珊瑚礁食物链中的重要作用体现在碎屑食物链和能量流动中。摄食藻类等海洋植物的蟹类是初级生产力和次级生产力之间的重要联系，在这个摄食过程中，海洋植物被撕碎成较小的颗粒，加快了海洋植物凋落物的分解速度，从而有利于营养物质的释放。这些丰富的有机碎屑还是许多底栖生物的食物来源。另外，蟹类还摄食虾、鱼、贝等，蟹类又被大型鱼类、章鱼等捕食，其幼体也是海洋鱼类或其他海洋动物优质的食物来源，对珊瑚礁的生物扰动可直接或间接地影响珊瑚的生长和珊瑚礁生态系统的生产力。所以说，蟹类是珊瑚礁生态系统食物链中十分重要的一环。

异尾类

除了多种多样的蟹类外，珊瑚礁中还生活着许多似蟹非蟹、似虾非虾的动物。如与海葵共生的海葵蟹，它有着扁平的身体和发达的螯足，乍一看就像一只螃蟹，但仔细观察就会发现，除了特化为螯足的第一步足外它们只有 3 对步足，而非像蟹类那样有 4 对。此外，海葵蟹还有着羽毛状特化的颚足，它们用这对颚足过滤水中的浮游生物。

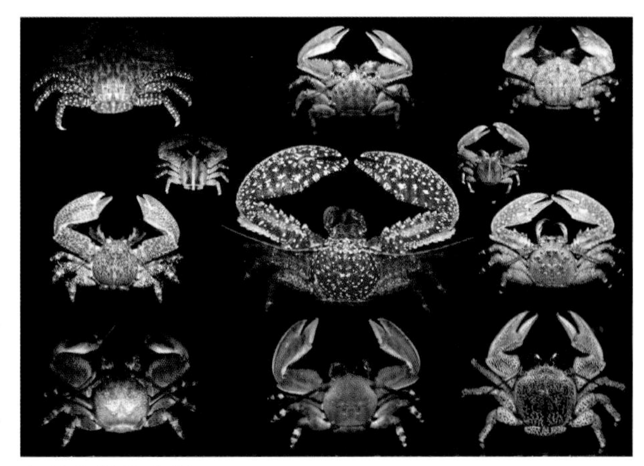

各种各样的瓷蟹

海葵蟹

实际上，海葵蟹是一种瓷蟹而非真正的蟹类，是隶属于异尾类的一类甲壳动物。异尾类的许多动物名字里都带有一个“蟹”字或者“虾”字，但却是与真正的蟹或者虾截然不同的类群。

除了瓷蟹之外，铠甲虾以及寄居蟹也都隶属于异尾类。铠甲虾的外观与螯虾有几分类似。美丽异铠虾分布于印度尼西亚附近海域以及我国的南海等海域，通常藏身于珊瑚礁海百合错综复杂的腕足中。它们身上色彩鲜明的条纹就像是用蜡笔画上去的，而这种配色并不是随机的，通常，其色彩与所栖身的海百合相似，这样才能完美地融入其中。除了捕捉一些小型甲壳动物外，铠甲虾还会时不时地偷取海百合的食物，可谓“管吃管住”，一举两得。

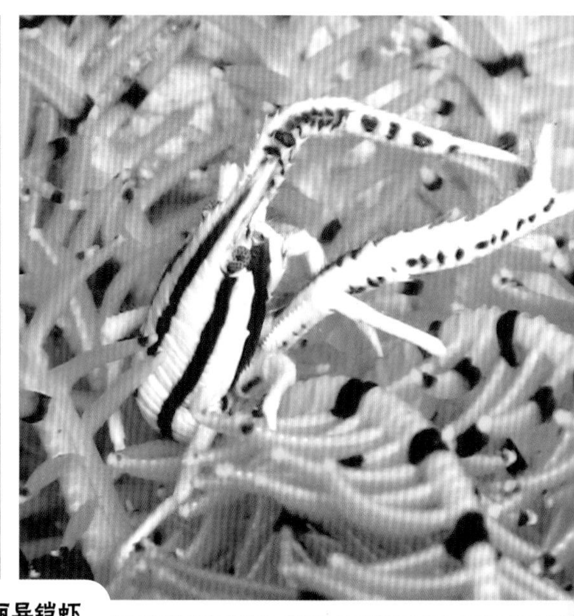

不同体色的美丽异铠虾

寄人篱下指的是不能独立生活，什么事情都要依靠他人，或者干脆就赖在别人家里。寄人篱下并不是一件体面的事。珊瑚礁中的一类生物却将寄人篱下的本事发挥到了登峰造极的程度，并以此来躲避捕食者的追杀，这便是寄居蟹了。

寄居蟹的外形很奇特，身体大多不对称，柔软卷曲的腹部和外壳包裹的头胸部形成了巨大反差，有些地方把它们称为虾怪。

这样奇怪的身体也是为了适应独特寄居生活而逐渐演化得来的，寄居蟹会寻找“人去楼空”的螺壳藏身，走到哪里就把螺壳背到哪里，实现真正的“蜗居”。坚硬的螺壳保护了寄居蟹柔软脆弱的腹部，遇到危险时，寄居蟹会完全藏入螺壳中，再用足将螺口堵死，然后保持这种防守姿态，以不变应万变。虽然不光彩，但的确是一种十分有效的自卫手段。

因为海螺大多为右旋，寄居蟹的腹部也多向右弯曲。寄居蟹的第一步足特化为螯，且通常不对称。前

寄居蟹

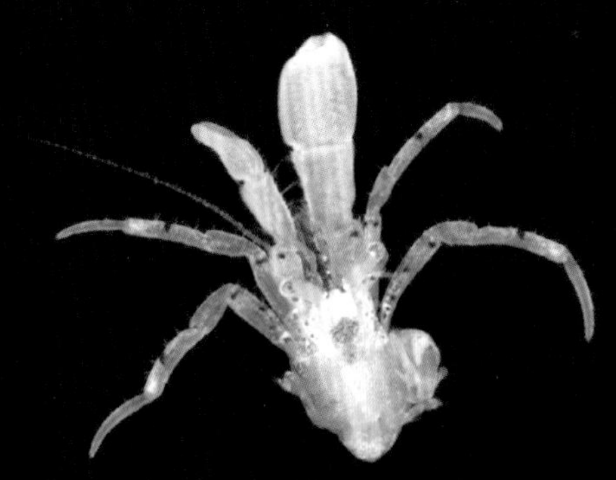

寄居蟹及其卵

两对步足较长而粗壮，用于爬行，而后两对步足却很短小，用于抓住螺壳内部，将自己固定住，藏身于螺壳内。

当然，随着时间的推移，寄居蟹的身体也会长大，除了要像蟹类那样蜕壳外，寄居蟹还要定期更换所背的螺壳。换壳时，它会用螯足测量新壳螺口大小，确认合适后再小心翼翼地卸下旧壳，换上新壳。螺壳对寄居蟹的生存至关重要，一只没有壳的寄居蟹无法在凶险万分的大自然中生存。随着海洋环境的恶化，可以使用的螺壳越来越少，而海中垃圾越来越多，许多可怜的寄居蟹只能拿瓶盖、罐子等人类扔下的垃圾当壳。许多外国科学家开始在海边投放人造螺口，为这些“无家可归”的小家伙提供蜗居的小家。

寄居蟹和拳击蟹都是十分精明的动物，它们也懂得使用海葵这朵“带刺的玫瑰”，某些寄居蟹会找一只海葵吸附在自己背负的螺壳上，让捕食者望而生畏，达到双重保护的效果，而海葵也可以在寄居蟹进食时捕获扩散的食物残渣，分得一杯羹。在日本海域发现了一种特别的寄居蟹居然背着单体珊瑚四处行走，而且随着身体的长大，珊瑚也在长大，寄居蟹不需要再找一个新的庇护所。除此之外，珊瑚还带有“刺”，可以保护寄居蟹免受潜在捕食者，如海星、大的螃蟹和章鱼等的伤害。

寄居蟹是杂食动物，以藻类及各种底栖的小动物为食，珊瑚礁中的寄居蟹常有着美丽的色彩。

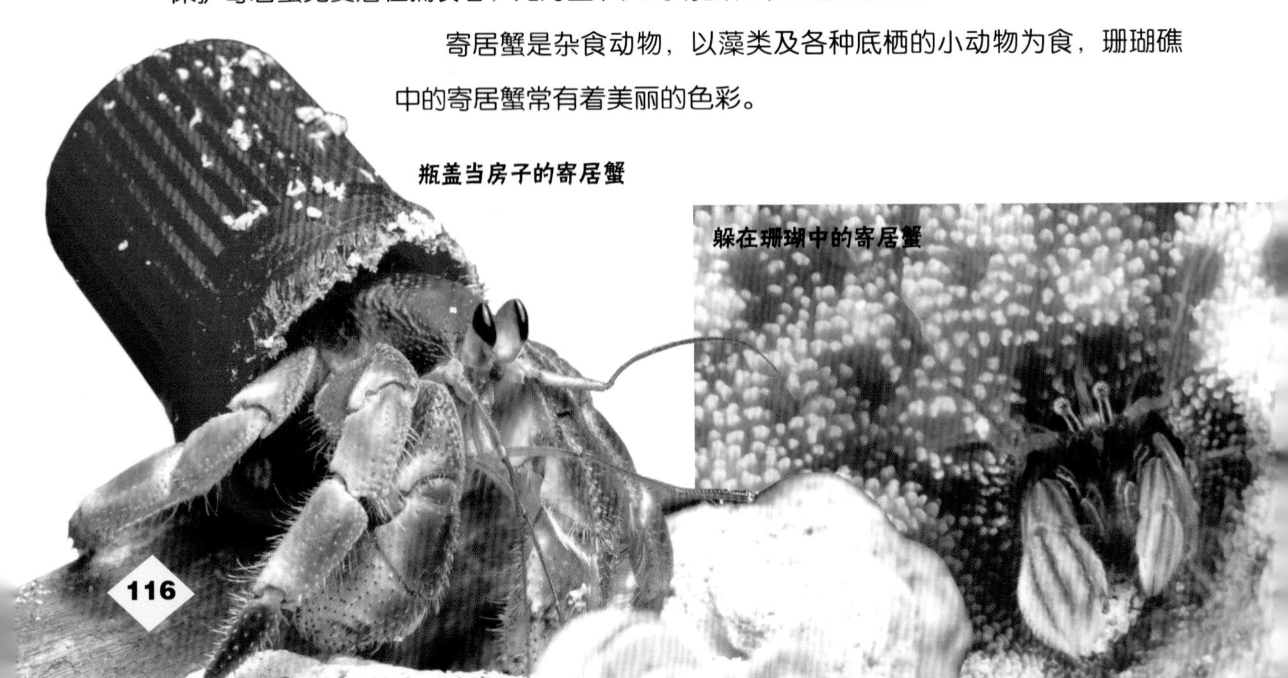

瓶盖当房子的寄居蟹

躲在珊瑚中的寄居蟹

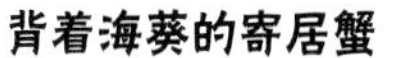

背着海葵的寄居蟹

环指硬壳寄居蟹

环指硬壳寄居蟹分布于非洲东海岸、越南等附近的热带海域以及我国台湾海域，有着蓝黑相间的步足，颜色艳丽，常被饲养在水族箱里。它是个勤劳的捕食者，总是四处觅食。

沟纹纤毛寄居蟹分布于印度尼西亚海域，它们身体扁平宽大，通常寄居在狭口螺以及鸡心螺内，步足上布满黄色的横纹，看起来就像是一包黄灿灿的薯条。

沟纹纤毛寄居蟹

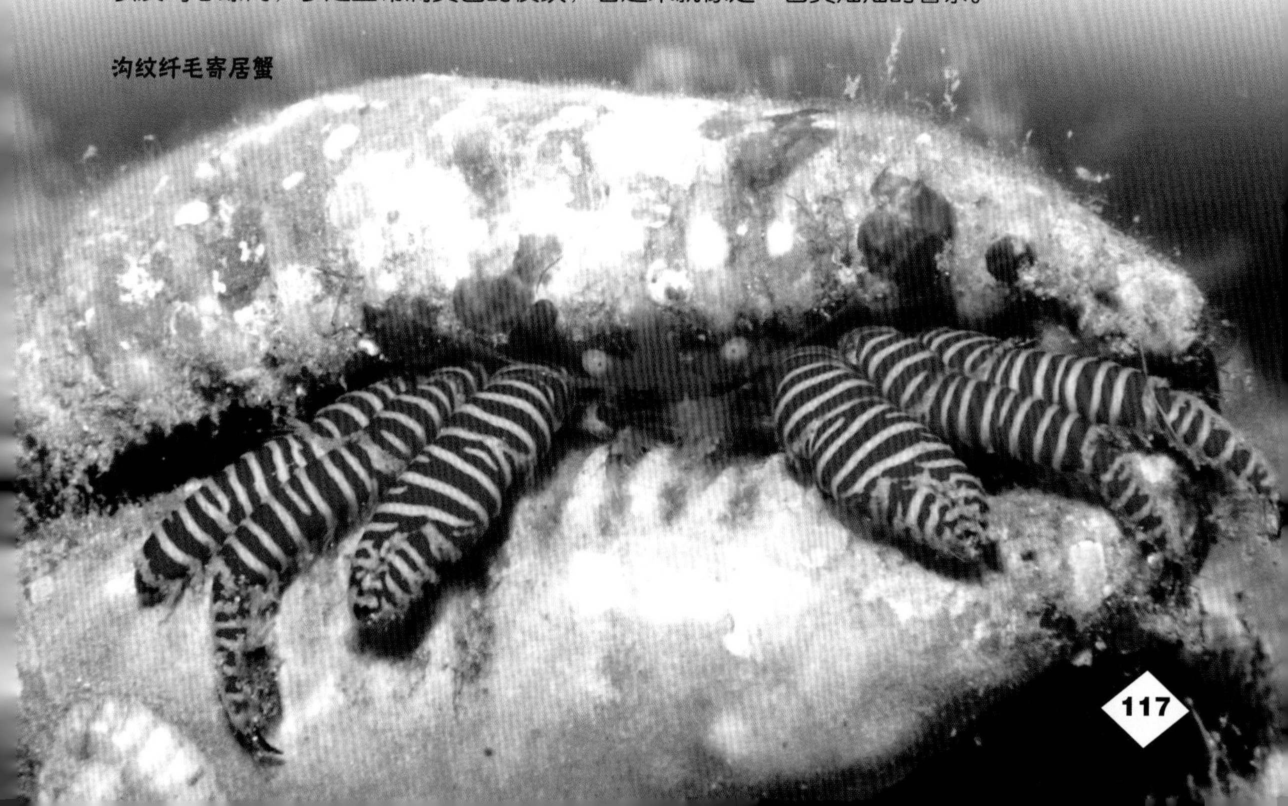

口足类

口虾蛄

皮皮虾，人们对于它的印象除了“皮皮虾，我们走”大概更多的是其鲜美的味道了。但在海底，皮皮虾算得上是一方霸主，靠着一双奇异的捕捉足成为珊瑚礁中异常凶猛的捕食者之一。

所谓皮皮虾，指的是口足目的口虾蛄属的动物，是人们餐桌上常见的海鲜之一，在我国南、北海域分布广泛。螳螂虾是口足目动物的俗名之一，第二颚足特化为与螳螂类似的捕捉足。

螳螂虾的捕捉足有两种类型，即穿刺型和锤击型，穿刺型捕捉足具有锋利的长刺，可以轻易刺穿猎物的身体，适合捕捉鱼类及身体柔软的无脊椎动物。在掠食的时候，穿刺型螳螂虾会将捕捉足以极快的速度弹出，刺中目标之后立即收回，用利刺将猎物固定并杀死。口虾蛄拥有的就是这一类型的捕捉足。此外，体型巨大的斑琴虾蛄也有着类似的捕捉足，这种虾蛄体长能超过 40 厘米，广泛分布于热带海域中。

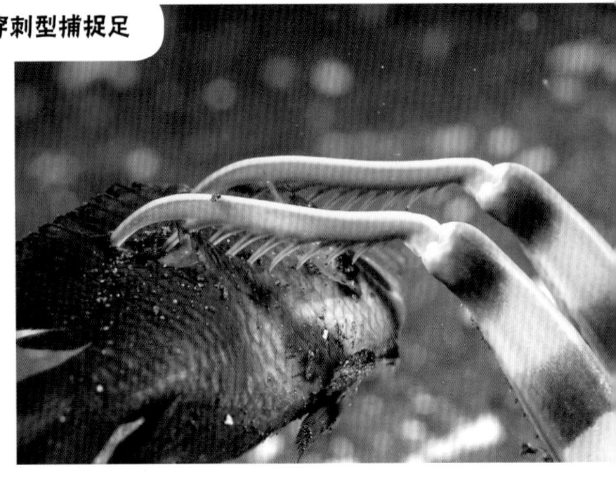

斑琴虾蛄及其穿刺型捕捉足

锤击型捕捉足的长刺通常退化，但指节基部膨大呈锤状，专门用来击碎贝类或者其他甲壳动物的外壳。锤击型螳螂虾的攻击速度和力量相当惊人，其中最为著名的大概就是外表拉风的蝉形齿指虾蛄了。它常见于印度－西太平洋的热带珊瑚礁海域，有着多变而鲜艳的体色，能在 1/50 秒内将捕捉足挥出，速度高达每小时 80 千米，锤击的力量足以将鱼缸击碎，虾、蟹以及贝类的“铠甲”在这样一对神器面前形同虚设。因此，它们虽然有很高的观赏价值却被海水缸爱好者视为眼中钉，强大的攻击力和暴躁的脾气让它们在缸中经常惹是生非，听到它们“砰砰”的出拳声，其他生物都噤若寒蝉。

但这样恐怖的破坏力还算不上是螳螂虾最为惊人之处，它们那独一无二的眼睛才是大自然中精妙的作品。

螳螂虾拥有自然界中已知最为强大的色觉系统，它们的复眼有 16 种感受器，除了能比人类更加精细地感受色彩，它们甚至能够感受红外线、紫外线以及偏振光，螳螂虾可以通过体表折射出不同波长的偏振光进行交流。我们不知道它们小小的脑子将会如何处理如此繁杂的色彩，也不知道它们眼中的世界会是什么样子。也许在它们眼中，珊瑚礁一个小小的角落都要比我们能够看到的一切更为绚丽多彩。

抱卵的蝉形齿指虾蛄

虾类

● 鼓虾

鼓虾也叫枪虾，枪比剑强，可真是至理名言。珊瑚礁食物链中不乏装备精良的动物，有的身披重甲让敌人难以下口，有的挥舞双锤大杀四方。但这些归根结底只是“冷兵器”，依靠绝对的强度、力量和速度达到杀伤或防御的效果，却依旧缺乏精密度和远程杀伤的能力。然而，下面这位捕食者可以称得上是珊瑚礁中的神枪手了，作为一名优秀的猎人，它的武器已经进入了“热兵器”时代。

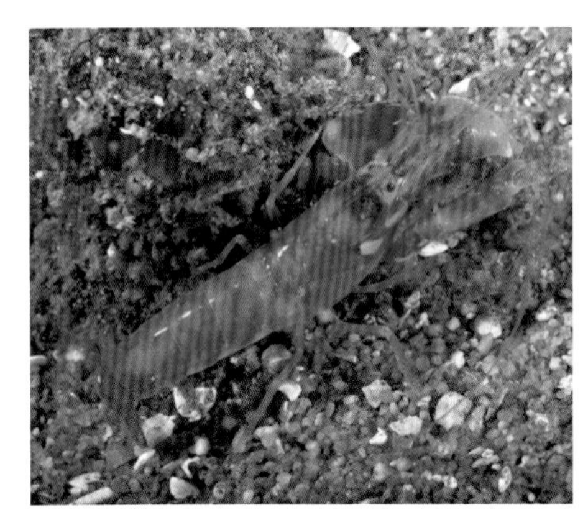

鼓虾

鼓虾的麒麟臂

鼓虾乍一看不过是普普通通的小虾而已，但只要仔细观察就会发现它那夸张的麒麟臂。鼓虾的螯足明显不对称，其中较大的螯足掌节长而粗壮，可以达到身长的一半，指节却较为短小，这只特化了的大螯就是鼓虾的“枪”。

当鼓虾对猎物发动攻击时，它会以极快的速度将螯足闭合，短粗的指节如同撞针一样快速击向掌节，两指间的水流被瞬间排出，螯足会向前发射出一股速度高达每小时 100 千米的水流，足以将面前的小鱼、小虾击昏甚至杀死。与此同时，螯足高速的合拢还会触发空穴现象，形成一个微小的低压气泡，这个气泡会迅速被压缩并崩裂发出比枪声还大的响声。

相比螳螂虾，鼓虾的脾气要好得多，不过它们也是海水养鱼缸中不受欢迎的角色，因为它们的“枪声”和螳螂虾的敲击声很像，也会让其他动物心惊不已。

虽然鼓虾拥有神奇的武器，但奈何体型太小而且视力不佳，经常会成为大鱼们的美食。为了弥补自身的先天不足，避免成为猎物，鼓虾常会与虾虎鱼达成互利互助的共生关系。

鼓虾负责挖洞，并邀请虾虎鱼居住在其中。感官敏锐的虾虎鱼会作为哨兵蹲守在洞口，鼓虾则将自己的一只触角搭在虾虎鱼身上。一旦情况有变，虾虎鱼会迅速缩回洞中，而鼓虾只要感到虾虎鱼有所动作便会与之一同行动，躲避危险。

与虾虎鱼同居的鼓虾

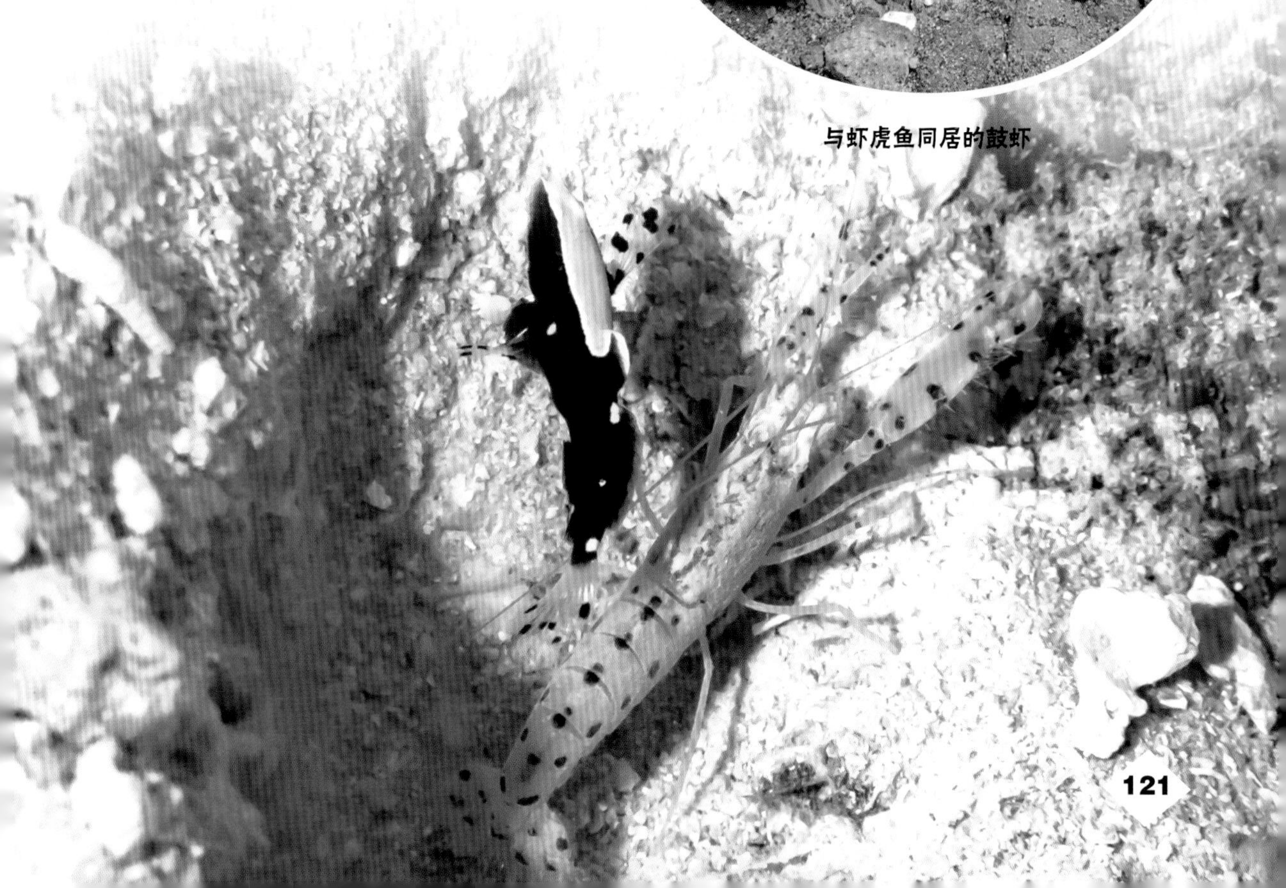

釉彩蜡膜虾

甲壳动物大多为杂食性，对食物基本来者不拒，无论是藻类还是小鱼、小虾，只要能抓到就是美味佳肴。

但例外总是有的，有一些甲壳动物就十分挑食，仅仅以一种或者一类生物为食，这种现象被称为狭食性。穿着圆点礼服、姿态优雅的釉彩蜡膜虾就是这样的一类生物，它们的口味极其独特，只以海星或者海胆为食。

釉彩蜡膜虾因其古怪的食性和奇特的外表深受水族爱好者喜爱，也被称为小丑虾或者海星虾，分布于夏威夷以及我国台湾海域。体长 5 厘米左右，它们的螯足非常特别，宽大扁平像是手持盾牌。不过，这对螯足主要用于炫耀和展示，对付行动缓慢的海星，只需闲庭信步般走过去再用几对步足相互协作就把海星翻个底朝天，露出较为柔软的腹面，大快朵颐。一般来说，釉彩蜡膜虾会先吃海星的腕足，再吃中心部位，因而海星有时会弃足逃跑。

如果没有海星和海胆，釉彩蜡膜虾会不会吃其他东西充饥呢？答案是否定的。它们即使饿死也不会吃一口别的食物，棘皮动物是它们唯一的食物来源，这种奇特的食性也是演化的结果。

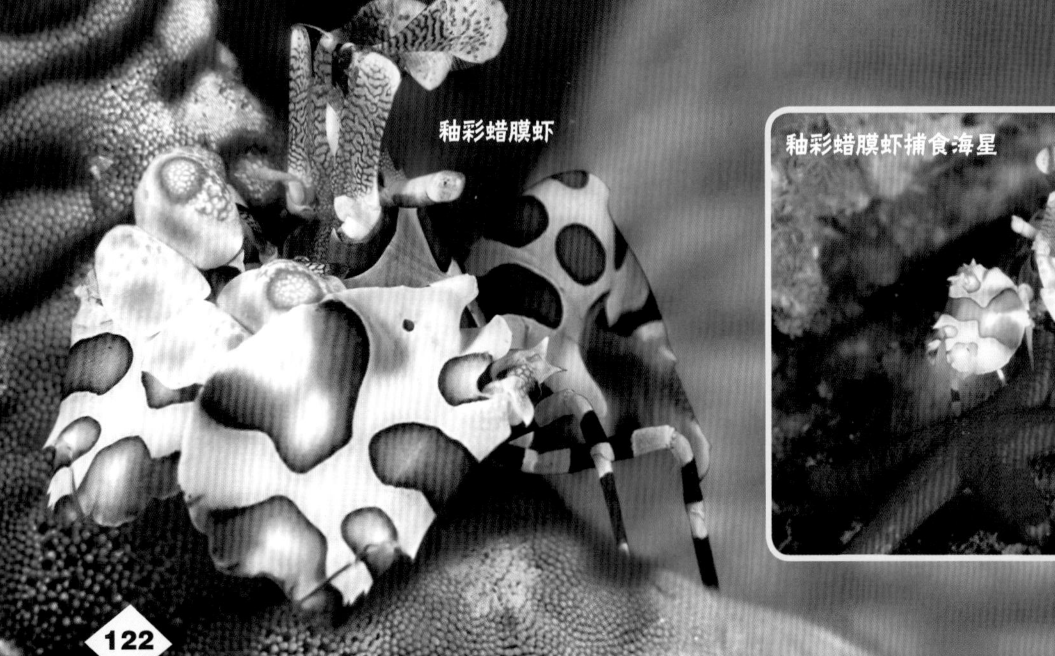

釉彩蜡膜虾

釉彩蜡膜虾捕食海星

浮游甲壳类

所谓浮游生物，就是运动能力弱，随着水流营漂浮生活的生物，分为浮游动物和浮游植物。浮游植物大多为单胞藻类，如硅藻、金藻、甲藻等，它们是海洋中重要的初级生产力。复杂多样的珊瑚礁生境中栖息着种类繁多的营固着、穴居、隐居、爬行及游泳等生活方式的礁栖海洋动物，它们的幼虫成为珊瑚礁浮游动物的重要组成。浮游动物则以浮游植物为食，是海洋生态系统中的次级生产力。

浮游甲壳类

桡足类、端足类、糠虾、磷虾等微小的甲壳类，还有虾、蟹等大型甲壳类的幼体，就是浮游动物中最为重要的类群。它们通常只有几毫米大小，却成为庞大的海洋生态系统中的重要环节。

水蚤

左图这个透明的小生物是桡足类的一种水蚤，它们通过摆动长长的触角在水中运动，《海绵宝宝》中的痞老板就是以这类生物为原型塑造的。对于这些微小的生物来说，海水就如同蜂蜜般黏稠，它们的每一次运动都会在水中留下涟漪状的痕迹，而许多鱼类就跟随着这种水中"足迹"来捕捉浮游动物。

同属桡足类的叶水蚤有着极其惊艳的外表，被称为"海洋蓝宝石"，体表具有特殊片层结构，在光照下会产生绚烂的结构色，随着光线角度的变化，会产生不同的色彩，有时甚至可以产生隐身的效果。

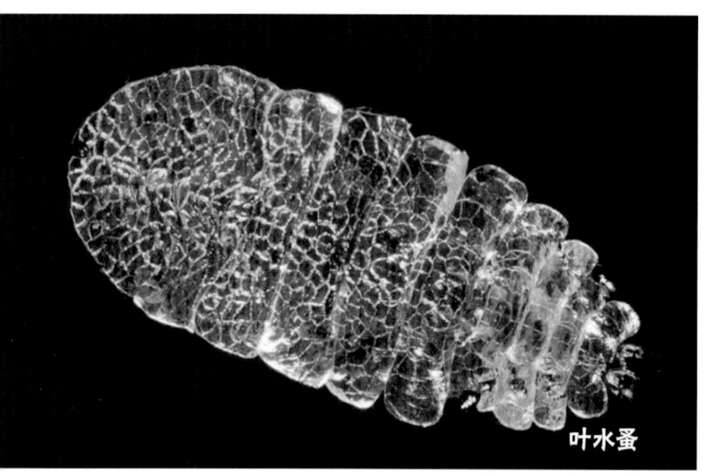
叶水蚤

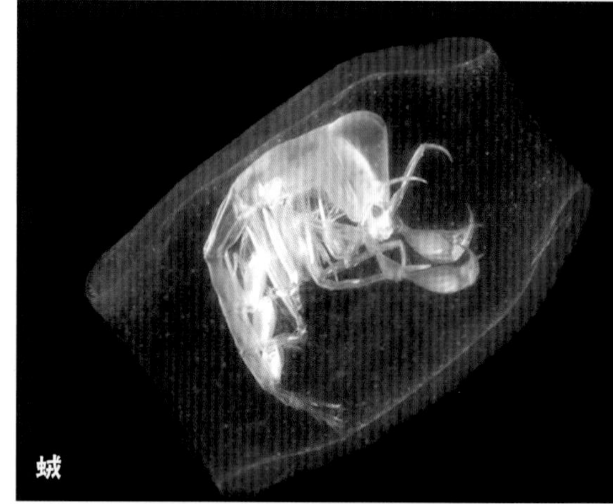
蛾

蛾（慎），是一种端足类浮游生物，它们会把被囊动物的小房子当作自己的家，把自己隐蔽起来，带着这个透明的"套子"游来游去。它们有着奇特的外形和生活习性，被认为是电影《异形》中怪物的原型。

除了这些微小的甲壳类外，大多数甲壳类的幼体都要经历数个浮游阶段，这期间与自己的父母形态差异巨大，不知你是否还能认出它们呢?

下图这个小东西是蟹类的大眼幼体，顾名思义，它有着一对巨大的眼柄，此时的蟹类依然有着发达的腹部，既可以爬行也可以游泳，捕捉其他浮游生物。

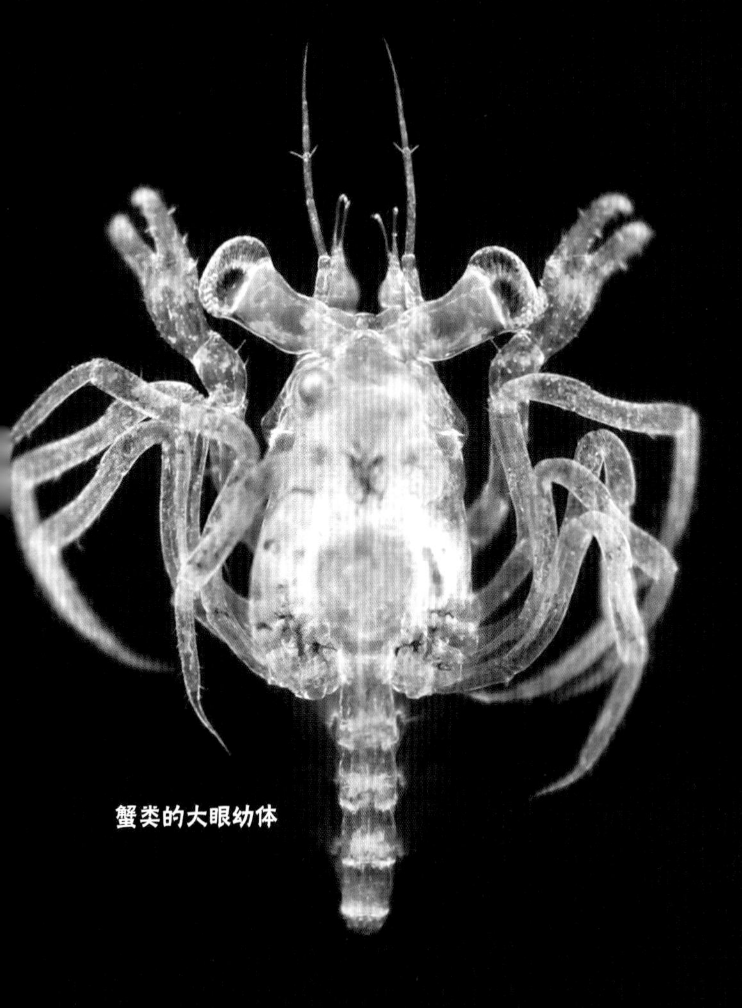
蟹类的大眼幼体

螳螂虾的幼体外形很奇特，是甲壳动物中独一无二的，这种幼体被称为伪蚤状幼体。虽然和成体有很大差距，但早早出现的捕捉足已经暴露了这一危险分子的真实身份。

这些微小的浮游生物将会随波逐流，在珊瑚礁富含营养的水体中逐渐成长，上演自己精彩的一生。而在珊瑚礁中无数细小的浮游生物则是包括珊瑚虫、世界上最大的动物蓝鲸在内的大量重要生物的主要食物，是珊瑚礁吸收外来营养源的中间环节。某些浮游生物对海洋中的理化条件较为敏感，能够敏锐地察觉营养盐、温度的细微变化以及污染物的存在，这些生物的种群状况可以作为生态环境质量的间接指示。个体小并不代表不重要，它们才是海洋中真正的巨人，是食物链承上启下的重要环节，是海洋生态系统及食物链的真正支柱。

螳螂虾的伪蚤状幼体

脊椎动物

脊椎动物和无脊椎动物最明显的区别就是体内有没有脊椎骨组成的脊柱。脊柱的出现使得这些动物有了支撑身体的结构，进而有了离开水体、向陆地生活发起挑战的可能。脊椎动物进化过程中的三个阶段说明了海洋动物是如何一步步进化，最终形成陆地动物的。

在早些时候，海洋动物只能依靠吸入海水获取其中的溶解氧，慢慢地它们进化出了鳃，鳃上的毛细血管担负起获取氧气的功能，但是它们仍然只能生活在海水中，一旦离开海水，皮肤表面就会变得干燥，无法获取空气里的氧气，不能在陆地上行走。第一个阶段的进化，使得它们在海水中能更自由地生活，进化出完整的脊椎，肌肉更加结实，脑部也更加发达，它们可以在海水中快速并且长距离游动；第二个阶段，有些动物的鳍进化成了附肢，开始向陆地踏出了第一步，其幼体还保留着鳃，成年后的它们有了适应陆地生活的肺呼吸以及用皮肤呼吸的功能，但是这些动物身体表面还是裸露的，长时间暴露在空气中会变得干燥，因此它们也还离不开水，这些动物被称为两栖动物；第三个阶段，动物慢慢适应陆地生活，皮肤上长出坚硬的角质层或是由羽毛覆盖，完全由肺呼吸。

在珊瑚礁食物链中，众多的脊椎动物处于食物链的顶层，它们多生活在珊瑚礁的边缘或者靠近水面的地方。

鱼类

关于海洋脊椎动物的介绍，我们可以从海洋中的鱼类开始，它们是海洋中最显眼，也是最艳丽的种群。我们可以看到：金枪鱼如同导弹一般在海水中飞速游动，光滑的皮肤反射出青白色的光；隆头鱼拥有怪异夸张的外表，如具有代表性的厚嘴唇；鲨鱼，海洋中的“冷血杀手”，霸道地游荡在珊瑚礁海域，时不时露出自己锋利的“獠牙”。也有很多可爱的鱼，散落在珊瑚礁各处，如园丁一般修剪美丽的“海底城市”，而这座“城市”也是它们的安身之所。珊瑚礁就像鱼龙混杂的闹市，有各种各样的生物混迹其中。

它们体色艳丽，身体上有两到三条白色的纹路，看起来就像马戏团小丑，得名小丑鱼。小丑鱼个体不大，没有什么防御或是进攻能力，只得与海葵达成共生关系，藏在海葵富含刺细胞的触手中躲避敌害，凭借自身体表覆盖着的一层独特的黏液，可以在海葵触手间安全地穿梭。它们吞食海葵身上的有机碎屑，或是吃点珊瑚礁中的小型藻类，偶尔也吃点小型甲壳动物。

小丑鱼

小丑鱼游荡在珊瑚礁旁，寻找着一个贝壳或是一块看起来足够大的椰子壳，它们需要这样一个固定的藏身之所供雌鱼产卵，繁衍后代。当找到这样的“房子”之后，雄鱼就用嘴搬动它，其目的地通常是可以与之共生的地毯海葵，或是其他种类的海葵。小型鱼一般都有自保手段，而大型捕食性鱼类通常还有独到的捕食手段。

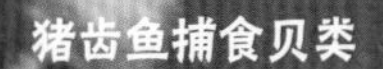
猪齿鱼捕食贝类

猪齿鱼的捕食手段堪称一绝。它们有两排白色的、尖尖的牙齿，每排 2~4 颗，看起来就像龅牙，十分醒目。猪齿鱼，居住在珊瑚礁中，是些挑食的家伙，主要捕食贝类。它们愿意为了美味，花费大把时间寻找，用嘴吹开厚厚的沙子，使藏身于沙中的贝类露出，它们的牙齿虽然锋利但并不适合咬碎坚硬的贝壳，却也有其他用处。

它们会用独特的牙齿将贝类叼起来，并进行“加工”。珊瑚礁中一块坚硬的岩石便是它们的“加工工厂”，坚硬到足以破开贝类的壳。猪齿鱼耐心地一遍一遍将衔着的贝类向岩石撞击，技巧娴熟的它们不用费很大的力气就可以将贝壳敲碎，享用美食。而一些想来是初学者，往往需要反反复复好一会儿才能完成“加工”。敲碎的贝壳再也无法保护贝类柔弱的身体，猪齿鱼心满意足地享用完，接着再找寻下一个目标。岩石下密密麻麻的贝壳碎片，像是“聚餐”后的杯盘狼藉，恰恰又证明了猪齿鱼的高超技艺。

波纹唇鱼，属于隆头鱼科的一种。在幼年时期，它们的头部并没有隆起。成年之后，头部才会发育出隆起的肉突。这种

波纹唇鱼

肉突并非一无是处，在隆头鱼家族中，隆起越大，其地位越高。体色从尾部的黄褐色向头部的蓝色渐变，鳞片厚大，排列紧密，如同波纹一般规则，身体呈扁平状。

它们是珊瑚礁里的“常住民”，白天在珊瑚礁空隙穿梭、觅食，厚厚的嘴唇以及大口可以吞下鱼、海胆、软体动物、甲壳动物等。然而，波纹唇鱼的美味，特别是那厚厚的嘴唇给它们带来了“杀身之祸”。人们将这种鱼的嘴唇做成佳肴，奉为珍馐美味，从而大肆捕捞，使其濒临灭绝。

鳃棘鲈

鳃棘鲈硕大的体型、如同“深渊大口”般巨大的口裂以及“铜铃”般大小的眼睛，无一不彰显其掠食者的身份。它外表“凶神恶煞”，却十分机敏狡猾。它们主要捕食生活在珊瑚礁中的小鱼，由于身形太大，不能进入小鱼藏身的珊瑚礁空隙，往往看着眼前成群的食物“黔驴技穷”。真可谓“可望而不可即”。

然而，山人自有妙计，鳃棘鲈有它的好伙伴——章鱼，它们本应是竞争同一食物的对手，却因为捕食能力的互补而成为合作伙伴。章鱼灵活的腕足就像为此而生的，它将长长的腕足伸进珊瑚礁的空隙中，躲藏在其中的小鱼就如“惊弓之鸟”一般四散而逃，而鳃棘鲈这位“守株待兔”的猎人，便在洞穴口以逸待劳，张开大口，等着鱼儿出来，饱餐一顿。尖尖的牙使得它可以捕食大多数体型比其小的鱼类，而章鱼的帮忙更使得它每次都能满载而归。

灰礁鲨是一种游泳速度快、动作敏捷的处于珊瑚礁食物链上层的食肉动物，主要以自由游动的硬骨鱼类和头足类动物为食。尽管体型中等，但它们的攻击性使其比珊瑚礁海域的其他鲨鱼物种更有优势。许多灰礁鲨在珊瑚礁的特定区域有自己的栖息地，还时常会回到那里。它们是社会性的，白天，通常在珊瑚礁附近形成5~20只的群体，晚上开始捕猎时，又常会分散开来。

目前，生活在珊瑚礁海域的鱼类占全球种类的近1/3，有7 000余种。种类最为丰富的地区是印度－太平洋，有4 000~5 000种。研究发现，一片珊瑚礁中生存的鱼类的密度往往同珊瑚礁的环境状况密切相关，其密度的变化趋势与活造礁珊瑚的覆盖率变化趋势基本一致，这更加充分地说明了造礁珊瑚的种类、数量以及珊瑚礁的群落结构对珊瑚礁鱼类生存的重要影响。有研究表明，鱼类食性的不同比例可以反映珊瑚礁生态系统的健康状态。比如，植食性鱼类和杂食性鱼类的数量和生物量较少时，则珊瑚礁生态系统相对健康稳定。珊瑚礁食物链中的顶级捕食者，主要是一些肉食性鱼类，会影响珊瑚礁上的植物生长——吓跑或吃掉了植食性鱼类，导致植物因缺乏天敌而大量生长。所以说这些顶级捕食者通过捕食来控制生态系统结构的平衡，在珊瑚礁生态系统中占有重要地位。

灰礁鲨鱼群

爬行动物

海蛇

海蛇与陆生蛇类一样用肺呼吸，但它们的肺更长，有利于其在水中停留更长时间。它们的尾部也不同于陆生蛇类，后者尾巴细长如长鞭，而海蛇尾巴像船桨，便于其在海水中游动。海蛇鼻孔上还有一对可以开闭的瓣膜，防止海水流入鼻腔。

海蛇往往生活在浅海珊瑚礁石上，也有的喜欢待在泥沙中。它们可以在海水中屏息数小时，利用这段时间在珊瑚礁中游荡以寻找猎物。海蛇主要以鱼类、虾类为食，毒牙是它们最为重要的杀戮工具，它们有着致命的神经毒素。人被有毒的海蛇咬后并没有明显的疼痛感，但咬后 10 分钟内会慢慢感觉肌肉无力、眼睑下垂，恶化后，会出现呼吸困难，全身无力。虽然海蛇行踪诡秘，有些种类又有令人闻风丧胆的剧毒，但十分温顺，很少主动攻击人类。

海蛇

海蛇的天敌主要来自天上，一些食肉鸟类会抓住海蛇到水面换气的间隙，拍打着翅膀俯冲而下，用双爪将海蛇抓住，迅速飞起，海蛇在空中像待宰的羔羊，只能束手就擒，引颈受戮，难有反抗之力。此外，一些大型鱼类如鲨鱼也会凭借自己的速度和体型优势捕食海蛇。

海蛇

钩嘴海蛇身上的花纹黑白相间，像斑马身上的花纹，而它们的嘴巴还具有喙，是其名字得来的原因。

它们终日在海水中游荡，时常成群结队地聚集在一起，就像是一片密密麻麻的海藻，这种聚集现象在繁殖季节更加明显。

海蛇的游泳速度不快，无法直接追击游鱼，只好在夜晚捕猎躲藏在珊瑚礁里毫无防备的鱼。有时，它们还会与数以百计的海雀以及蓝鳍金枪鱼结成捕猎联盟，提升自己的捕食成功率。有毒的海蛇首先用锋利的尖牙以非常快的速度去咬猎物，当把猎物吃到嘴里的时候，海蛇就把毒液注射进去，毒液会导致猎物体内器官衰竭，直至死亡。

海龟

许多人在珊瑚礁海域潜水时，偶尔会遇到伸展着如同船桨一般的四肢，悠闲地在海水中游动的海龟，龟壳上也许还长满了未来得及清理的藻类或藤壶。

全球海洋中生存的海龟，现今仅有 7 种，分别是棱皮龟、蠵龟、玳瑁、橄榄绿鳞龟、绿海龟、太平洋丽龟和平背海龟。我国分布有 5 种：棱皮龟、蠵龟、玳瑁、绿海龟、太平洋丽龟。所有的海龟都被列为濒危动物。尽管海龟可以在水下待几个小时，但还是要浮到海面调节体温和呼吸。有几种海龟只是珊瑚礁中的过客，玳瑁和绿海龟则是真正的珊瑚礁居民。

中国古代文人曾写出“足下蹑丝履，头上玳瑁光”“何以慰别离？耳后玳瑁钗”的诗句，提到的就是玳瑁龟甲做的饰品。

海龟

玳瑁全身披有坚实的龟壳，可以规避大多数伤害。玳瑁进攻性很强，常捕食一些带有毒性的海绵。它们身上会因此带有一些海绵的难闻气味，肉也具有一些毒性。除了海绵，它们偶尔还会捕食一些虾蟹，玳瑁的双颚十分有力，可以咬碎大多数甲壳动物的外壳，而鹰喙般尖利的嘴轻易就能钩出猎物，捕食珊瑚礁缝隙中的乌贼。

在捕食海绵或者水母这些带有毒性的生物时，玳瑁会闭上没有保护结构的眼睛。玳瑁生有鳞甲的头部使得带毒动物的刺细胞不能透过，以此躲过威胁。看来“没有金刚钻，还真的是不敢揽瓷器活”，只有玳瑁这样“铜皮铁骨”的动物才敢打这些毒物的主意。

绿海龟，又称黑（海）龟或太平洋绿海龟，是海龟科的一个大型种类，它的分布范围遍及热带和亚热带海域。绿海龟的名字来自它那通常呈现淡绿色的脂肪以及橄榄色至黑色的龟壳。

绿海龟背部扁平，身体上覆盖着一个泪珠状的巨大龟壳；前肢像桨一样宽阔有力，善于游泳。成年海龟通常生活在浅水潟湖中。绿海龟主要以各种海草和海藻为食。然而最近一项研究表明，城市或农场径流中过量的氮最终进入海龟吃的海藻中，绿海龟食用海藻后可触发疱疹病毒感染，可能导致其眼睛、脚蹼和内脏肿瘤的形成。研究者还说，不仅仅是绿海龟患上了肿瘤疾病，这些地方的鱼类和其他珊瑚礁生物也得了类似的疾病。

玳瑁

海龟在生命的各个阶段都可能成为其他动物的猎物。幼龟是鸟类、螃蟹、陆地哺乳动物和鱼类的猎物。成年海龟是鲨鱼和逆戟鲸等顶级捕食者的猎物。在哥斯达黎加的一些海滩上，成年雌海龟夜间在海滩筑巢，甚至成为附近潜行的美洲虎的猎物，这使得海龟也成为陆地食物链（网）中的一部分。

大多数海龟的基本食物是水母，由于迁徙需要巨大的能量，海龟在大迁徙前往往大量捕食水母（这可以控制水母的数量），它们没有味觉，只是狼吞虎咽地将大量水母吞入肚中，补充能量。成年海龟能在约 10 小时内捕食 50 只水母，储存足够的能量以便度过漫长的旅途。

成年绿海龟主要吃海草等，堪称“水生割草机”，有助于保持海草床的健康。浅海的海草床为许多鱼类提供了栖息地、食物和受保护的苗圃，使它们能够躲避捕食者，直到体型变大。健康海草床也有助于稳定海底珊瑚礁，减少波浪和风暴造成的侵蚀。

藤壶和其他小型甲壳类动物、鱼、藻类成为海龟的“水生搭便车者”，跟随海龟从一个地方迁移到很远的地方。如黄高鳍刺尾鱼等还成为它们的“清洁工”，成群帮忙清除龟壳上的污垢。当海龟在海面上呼吸或休息时，有时也会为海鸟提供一个休息的地方——发挥着“航空母舰”般的作用。

海龟捕食

鱼儿为海龟做清洁

鸟类

在珊瑚礁附近生活着军舰鸟、海鸥、西方礁鹭、鲣鸟等鸟类。它们与珊瑚礁食物链有千丝万缕的联系。

军舰鸟，红色的喉囊首先吸引了人们的目光，而关于它们名字的由来，还要从其生活习惯说起。军舰鸟主要生活在海边树林中，不像大多数的海鸟，它们身上并没有防水的一层油，一旦落水，其羽毛就会因沾上水而变得沉重，即使再用力扑腾翅膀，也没有办法离开，只能活活淹死。为了生存，它们又必须获得食物。有时它们看到水中的鱼类游到水面，便飞扑而下，用锋利的钩嘴衔起猎物后迅速升空；大多数时候它们都是蛮横的“强盗”，凭借着高超的飞行技巧，盯着那些捕食成功的海鸟，对其发起突袭，这些海鸟常常被吓得惊慌失措，只能舍弃口中食物落荒而逃，而军舰鸟趁机飞下，在空中接住掉落的食物，吃进自己的肚中。

当雄鸟进入繁殖期时，平日里暗红色的喉囊会变成鲜红色，以此吸引雌鸟，繁殖期结束后又变回暗红色。

海鸥，是最常见的海鸟之一。它们体型小，往往成群分布在海滩上，主要摄食软体动物和一些小型甲壳动物。

繁殖期的军舰鸟

海鸥，之所以能够得到人们的偏爱，不仅仅是因为可爱的外表、优雅的飞行技巧，更因为它们被称为海上交通保驾护航的“安全员”。舰船在茫茫大海中航行，风平浪静的海面之下常常是危机四伏，此外更有突变的天气雪上加霜。假使你是一位有着丰富航海经验的海员，站在甲板上通过望远镜四处瞭望，搜索这附近是否有特殊情况。当你看到一群海鸥聚集在一处海面，群飞鸣噪，你就知道此处可能有暗礁，提前做出规避行为，避免触礁的危险。有时候海面上大雾弥漫，你可能找不到驶出海港的方向，这个时候你就要保持冷静，看看四处是否有海鸥飞行，跟着它们，也许你就能找到出港的方向。观察海鸥的飞行姿态是预测天气变化的一种原始方法。若是海鸥低空飞行贴近海面，那么你就可以判定未来几天的天气将是晴好；如果它们徘徊飞行在海边，那么未来天气可能越来越坏；如果海鸥如同风筝一般飞离海面，冲上高空，或是成群结队地飞向海边，或是一群群地躲在岩石缝间、沙滩上，那么你就要注意了，也许暴风雨正在靠近。

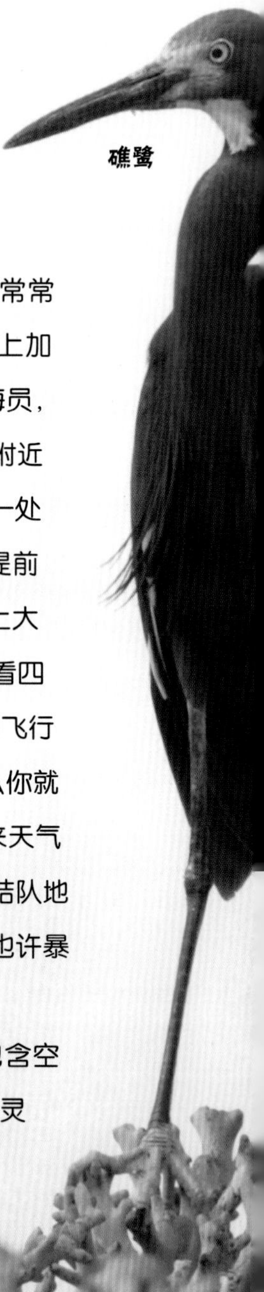

海鸥

礁鹭

海鸥之所以能预见暴风雨，是因为翅膀上的羽管是空心的，里面包含空气，没有骨髓，这不仅仅使得它们减轻了体重利于飞行，更使得它们能够灵敏地感知到空气压力，进而做出相应的反应。

礁鹭，在浅水中跟踪猎物，经常用纤长健壮的腿奔跑或搅动水面，或挥动翅膀来干扰猎物；它们也可以站着不动，等待伏击猎

物。它们吃鱼、甲壳动物和软体动物。与苍鹭和白鹭一样，它们很少会发声，只有在受到干扰或天敌靠近鸟巢时才发出低沉的叫声或刺耳的声音。细长的脖子、长而锋利的喙都是它们捕食的有利条件。

鲣鸟，有粗壮的腿和有蹼的脚，蹼连接着四个脚趾。在一些物种中，蹼的颜色鲜艳，可以用于求偶展示。喙长而尖，边缘呈锯齿状。上、下颌骨在顶端微微向下弯曲，可以向上移动以接受大的猎物。为了在猛冲捕食的过程中保持水的排出，鼻孔是完全闭合的。

它们捕食中等大小的鱼类和海洋无脊椎动物（如头足类），以集体的方式觅食，有一些也会跟随渔船去捡拾被丢弃的渔获物。典型的捕猎行为是从半空中俯冲下来，如同射入水中的箭，借助惯性到达水下一两米深处。如果一击未中，它们还可以依靠自己的腿和翅膀进行水下游泳追捕。

这些鸟类的粪便会进入邻近的珊瑚礁生态系统，为珊瑚礁鱼类、藻类等提供养料。

鲣鸟

哺乳动物

在浩瀚的海洋中，还生活着这样一些动物，它们有的体型硕大，有三四层楼那么高，张开口可以容下几个人摆张桌子就餐；有的生性凶猛，是处于食物链顶端的霸主；有些只有几十厘米长，只捕食小鱼、小虾。它们都属于鲸目。

它们是海洋中的哺乳动物，只能用肺呼吸。呼吸的鼻孔长在头顶，被称为喷气孔。它们视力很差，靠回声定位寻找食物或者规避敌害。

鲸目包括齿鲸亚目和须鲸亚目。顾名思义，齿鲸具有牙齿，而且牙齿呈圆锥状，最少的种类只有一颗齿，最多的有几十颗牙齿。须鲸的口中没有牙齿，但上颌左、右两侧的腭部到咽部，各生有 150~400 枚呈梳齿状排列的角质须。

虎鲸

虎鲸身体呈纺锤形，体表光滑，它们有着黑色的背，腹部却是白色的，背鳍后面有一个像马鞍一样形状的灰白色斑块。加上两只眼睛后面都有一块白色的梭形斑块，它们的外形就显得别具一格。皮肤下面有一层很厚的脂肪用来保存身体的热量。

虎鲸的脑袋较圆，嘴巴并不突出，引人注目的是它们的鼻孔，长在头顶右侧，上面有一个瓣膜，就像是一个水龙头一样开关自如。到海面换气时，它们就打开瓣膜，从里面喷出一片气雾，然后吸入空气。它们就像陆地上的老虎一般，威风凛凛，背鳍高耸，露出水面，就像是古代的兵器——戟，因此又被称为逆戟鲸。

它们最大的特点就是调皮好奇：时常跃出海面，拍打水面，如同孩童般戏水。它们的体型虽不是鲸中最大的，但是胆大残暴，杀戮成性。它们时常捕食企鹅、海豹，有时甚至还袭击大

虎鲸

白鲨或者其他鲸类；它们能够通过团队协作驱赶走灰鲸妈妈，溺死灰鲸妈妈身边的幼鲸。

抹香鲸

抹香鲸，是体型最大的齿鲸，如同一艘潜水艇，近长方体的躯体上，头部显得不成比例的大，具有动物界中最大的脑，而尾部不大，这使得抹香鲸的身体又好像一只大蝌蚪。成年雄鲸的头部尤为突出，一般头部占身体全长的1/4至1/3。身体呈黑色或者灰色，在阳光的照射下往往呈现出棕褐色。

抹香鲸的潜水时间很长，很难在海面上见到它们的踪迹。它们的分布范围很广，不结冰的海域一般都有它们的身影。它们最喜欢的食物是头足类，也吃一些鱼类。雄鲸偏好大型的枪乌贼，能一口将大王酸浆鱿吞入口中。即使大王酸浆鱿不甘于被吃的命运苦苦挣扎，最多只能在抹香鲸的身上留下一些伤痕，却免不了沦为“腹中餐”。

抹香鲸无法完全消化头足类，会在小肠内形成一种黏稠物质，人们称之为“龙涎香”，能使得香水保持芬芳，常被用作香水固定剂。

抹香鲸

蓝鲸

蓝鲸，被认为是世界上已知体积最大的动物，体长可达33米，体重达180多吨，属于须鲸亚目，没有牙齿，主要以小型无脊椎动物为食。身体呈长锥状，尽管它们的体重惊人，却拥有如此优美的身体线条。背部青灰色，在海水中看起来略淡。

要驱动如此巨大的身体，需要的能量自然不可小觑。蓝鲸堪称是海洋里的大胃王，食量惊人。它们一张嘴就能吞下将近200万只磷虾。一天的食物重达4000~8000千克！如一个悠闲的旅行者，大多数时间，蓝鲸都游弋于稠密的浮游生物群中，张开大口，将巨量的海水和磷虾一起收入嘴中，在它们的嘴巴上有两排像筛子一样的扳状须，海水和食物进入嘴后，嘴巴一闭，海水就从扳状须的缝隙里排出来了，剩下的磷虾自然就进入了大胃王的肚子里。大胃王的肚子也是与众不同，这里有很多能扩大也能缩小的褶皱，难怪它能吞下这么多食物了。除了磷虾，其他虾类、小鱼或是水母等都是蓝鲸的食物。一方水土养育一方人，生活在北方的蓝鲸往往体型比较小，也许是北方的寒冷水域中没有温暖水域里那么丰富的食物。

与蓝鲸一起畅游

座头鲸

座头鲸有着鸟翼般巨大延伸的胸鳍，因此又被称为长翅鲸。它们没有牙齿，属于须鲸亚目。头相对较小，嘴巴周围的皮肤表面还长了很多的肉瘤突起。

座头鲸腭部的韧带特殊，可以使口张开到 90°，这让它们可以将食物连同大量海水一同吞下。捕食时，它们张开嘴巴，侧着或仰着身子朝虾群冲过去，把嘴闭上，将食物“一网打尽”。它们的消化道直径较小，只吃些小型的磷虾，或是小鱼等。

座头鲸性情活泼，饱餐之后，常常用厚大的胸鳍拍打水面，在海水中翻跟头或干脆全身跃出海面，就像体操运动员一般矫健。它们跃起之后在空中划过优美的曲线，随后轰然落水，庞大的身躯激起大片浪花，蔚为壮观。

座头鲸雌、雄鲸的歌声不同。悠扬而连绵不断的歌声往往出自雄鲸，时而婉转动听，时而慷慨激昂，或低吟，或高亢。

座头鲸

儒艮

儒艮，为海牛目的海生哺乳动物，栖息在温暖的海域。鼻孔位于嘴巴的背部，有可以关闭的瓣膜防止海水进入。皮肤光滑，上面还有稀疏的短毛，前肢扁平，看起来憨态可掬。

儒艮确实是海洋中的“乖宝宝”，性情温顺，没有攻击性，它们的一生好像只和吃、睡、繁殖有关。幼仔的哺乳期约为 18 个月，哺乳时，儒艮妈妈会抱着小儒艮浮到海面上。当人们见到这样的情景时，误以为儒艮是抱着婴儿的人鱼，很多学者认为美人鱼的传说正是来源于儒艮。

儒艮主要以海草为食，对食物非常挑剔，瞄准的是含氮量高、纤维含量低的物种。它们可以将海草从海底完全移走，包括根部。就像陆地上的牛一般，它们用嘴将海草摄入口中咀嚼，一边咀嚼还一边“摇头晃脑”。儒艮的视力很差，但灵敏的听觉弥补了这个缺点。当鲨鱼或是虎鲸到来时，它们凭借灵敏的听觉躲避。它们没有“铠甲”保护，也没有强有力的攻击手段，为了躲避天敌，它们常常会找个安全的珊瑚礁，整日昏睡，除了定时换气或是觅食，很少活动。

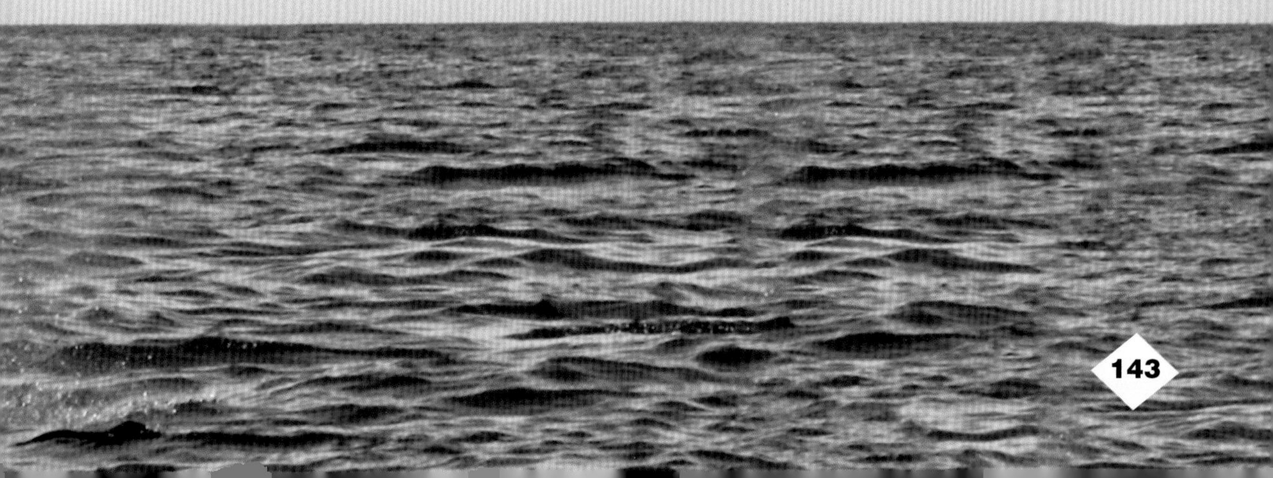

儒艮

海豚

海豚，属于齿鲸亚目，也是肉食性动物，主要摄食鱼类和软体动物。身体呈优雅的流线型，游动速度很快。它们常常聚集在一起，在海洋中嬉戏玩耍，跳出海面，在空中划过美丽的弧线，一条接着一条，整个海域都是它们广阔的舞台。在游动时，海豚还能发出动听的声音。

海豚最喜欢的游戏应该是“抓珊瑚”，它们用嘴叼起珊瑚碎片，然后将其抛下，在珊瑚碎片下落过程中再迅速接住，借助这种游戏，年轻的海豚可以很快掌握游泳技巧。

海豚是海洋中的“小精灵”，大脑发达，十分聪明，即使在睡着的时候，大脑依然处于活动状态中，一旦有危险，会迅速做出反应。此外，海豚还是个“好学生”，经过人类的驯养，它们可变成表演家，表演许多精彩的节目，如钻铁环、玩篮球，与人“握手”和“唱歌”等。

海豚

脆弱的珊瑚礁食物链

在多姿多彩的珊瑚礁上，还有许许多多的秘密等着人们去发现，在海底固着或是在海水中漂荡的藻类；那些扎根海底看似植物实则是动物的海葵；透明，可以发光，颜色多样、形态多样的水母；外表粗糙、遍布棘刺的海星、海胆，还有那色彩鲜艳的海百合；变幻莫测、诡谲多变的乌贼、章鱼；“铜皮铁骨”“披金带甲”的虾兵蟹将；行动缓慢的海龟，憨态可掬的儒艮；还有那些游弋在大海中的“巨无霸”——鲸和鲨鱼……

它们都是珊瑚礁海域的居民，在珊瑚礁生态系统中扮演着各种各样的角色。海藻通过光合作用为整个珊瑚礁提供能量，它们就是这座城市的“发电机”，而那些食草动物又像是“快递员”，将固定在海藻中的能量传送给珊瑚礁海域的其他居民，刺尾鱼吃下海藻，获得能量，鲨鱼张开大口，将刺尾鱼吃入腹中……能量的传递保证了每一位居民的生存，食肉动物的存在又使得海藻不会完全被食草动物摄食。就这样，错综复杂的食物链织就了一张庞大的食物网，其中的每一个环节都至关重要。

美丽富饶的珊瑚礁

然而，在今天，珊瑚礁却面临着巨大的威胁。

强烈的暴风、海底火山爆发都会导致珊瑚礁被破坏，好在这种破坏并不会将珊瑚礁推到消亡的边缘，珊瑚礁中多样的物种提供了相对的稳定性以及可调节能力。即使遭受了这些自然灾害的影响，在合适的环境条件下珊瑚礁还是可以重新恢复。

而对于珊瑚的天敌——长棘海星种群爆发的影响，其中还包含着人类活动的影响因素。正常来说，一个稳定的生态系统在没有受到外力的作用时，可以保持相对稳定，即便其中一个物种种群爆发，依然可以在适当时间内重新回到一个平衡。例如，长棘海星的种群爆发会引起大面积珊瑚被啃食，但是在这种情况下，长棘海星的天敌如大法螺也会因为食物的丰富而大量增加，进而对长棘海星的数量进行控制。然而，如果人类大肆捕捞大法螺，导致天敌减少，长棘海星便如入无人之境，肆无忌惮地扫荡珊瑚。大面积珊瑚虫被吞食，整片珊瑚只剩下珊瑚骨架。珊瑚礁食物链脆弱的一面便由此显现。

珊瑚礁生态系统被认为是最受威胁而又有重要功能的全球生态系统之一，活珊瑚灭绝，将使整个海区的生态环境发生改变。人们从珊瑚礁海域获取的大量海产品，是人类重要的蛋白质来源。然而今天，人类的许多活动正在严重影响珊瑚礁生态系统的物种多样性和生态功能。

全球气候变暖引起珊瑚白化

珊瑚白化，是指珊瑚虫失去了共生的虫黄藻或者是共生的虫黄藻失去了体内的色素，温度升高是导致这种现象的主要原因。

珊瑚礁的发育对环境要求很高，温度、盐度、光照、水流等都有影响。珊瑚虫生长的适宜温度范围是 25℃ ~29℃，而由于全球气候变暖，珊瑚礁环境的温度往往处于上限边缘，甚至超出上限。珊瑚白化，导致大面积的珊瑚虫或是死亡或是退化，由此珊瑚骨骼变得脆弱，外层结构暴露在海浪之中，极易被冲击摧毁。祸不单行，破碎的珊瑚骨骼更加不利于新生珊瑚虫的生长，恢复也就难上加难。

珊瑚退化后，大面积的海藻侵占原本属于珊瑚的生长环境，海藻大量繁殖，成为该海域的优势群体，使得珊瑚虫的生存范围越来越小。而尚存的珊瑚被疯狂生长的海藻覆盖，造成珊瑚虫的窒息死亡。珊瑚的退化还会导致一些以珊瑚为食的鱼类数量减少，如蝴蝶鱼；还有那些以珊瑚礁为栖息地和“避难所”的生物，不得不舍弃自己的“保护伞”，直面食肉动物的“虎口”。那么，如一条链子一样一环扣一环的珊瑚礁食物链，就会因为“一环”出现问题而使“链锁”关系发生变化，甚至“断裂”。

珊瑚白化并非不可逆，当珊瑚礁的环境回归正常时，珊瑚礁生态系统可以自我恢复，食物链趋于稳定，但是这种恢复过程是缓慢的，往往需要十几年甚至几十年的时间才能完全恢复，而在这个恢复的过程中，人类的其他活动又可能会对其产生干扰。

珊瑚白化

人类活动影响珊瑚礁

海洋资源丰富，人们在开发过程中却必然或是偶然地对海洋环境产生极大影响。在过去的 50 年中，全球发生了几十次石油泄漏，大量石油进入海洋，其中含有的苯、甲苯等多种有毒物质随之进入海洋，从低等的藻类到高等的海洋哺乳动物，无一不受到这些有毒物质的影响。石油漂浮在海面，隔绝空气和阳光，鱼类挣扎着冲出海面，最终还是筋疲力尽，或是窒息而死，或是中毒而亡。海鸟如往常一般俯冲而下，寻找食物，它们没有想到的是，当羽毛沾上油污，翅膀便如同灌铅一般沉重，无法飞离海面，最终只能溺水而死。而那些侥幸生存下来的生物，体内的有毒物质也将在食物链中传递，积累，长久地影响它们的生存。

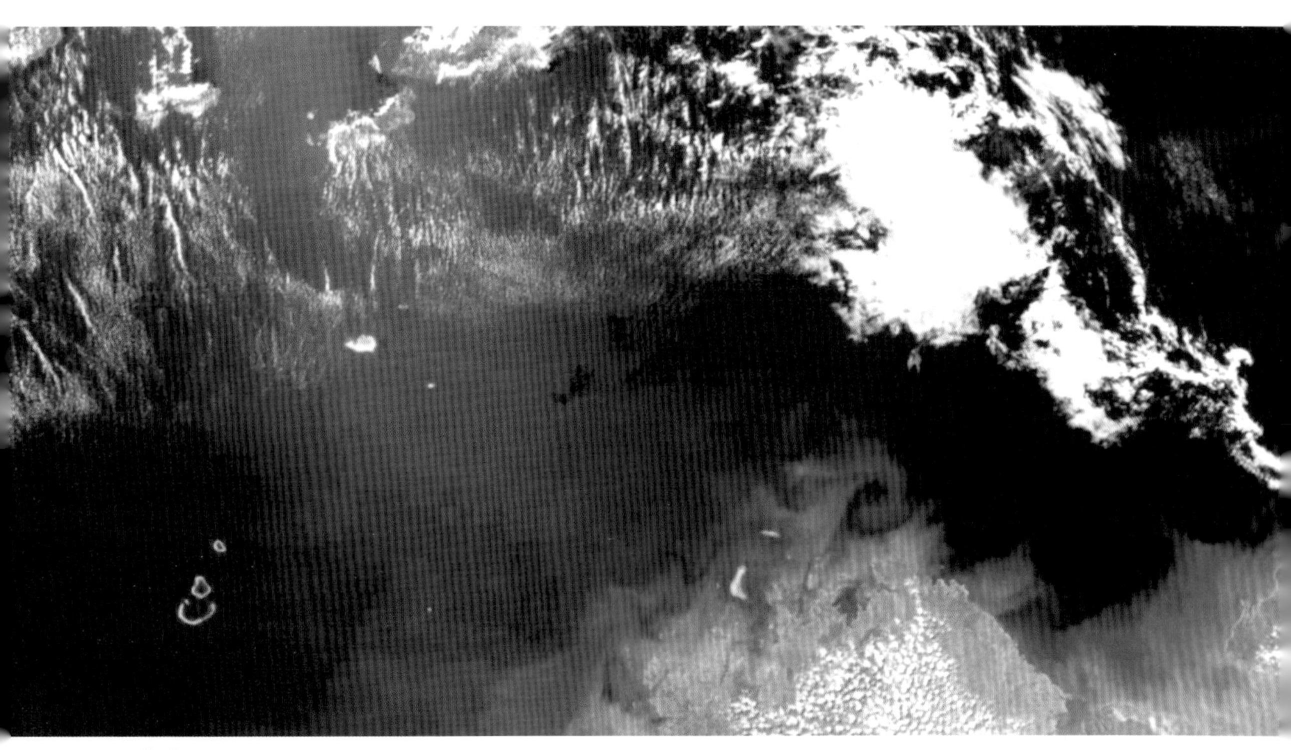

石油泄漏

人类将大量的生活垃圾、工业废料倾倒进海洋。成片的塑料袋、塑料吸管漂浮在海洋中，这些塑料制品不能被降解，而且很多生物常会误食这些塑料制品，如视力不好的海龟往往错把海洋中的塑料袋当成水母吞食。海龟无法消化塑料袋，于是在它们的肠道中蓄积，最终海龟被活活饿死。

此外，废水进入海洋中，其中富含的氮、磷元素使得海水富营养化，大面积的海藻疯狂生长，漂浮在海面的大量海藻将水体中的氧气消耗殆尽，鱼类窒息而死，整片海域死气沉沉。

人类非法捕猎鲸、海龟、海豚及其他草食性动物等，过度捕捞，破坏性的捕捞，使得海洋资源遭受严重浪费和破坏，使珊瑚礁生境逐渐丧失。

这些都对珊瑚礁食物链造成了严重影响。

废水使得海水富营养化，海藻疯狂生长

珊瑚礁被称为海洋中的“热带雨林”，是海洋物种多样性稳定的依赖基础。自然条件的变迁、天敌的爆发、人类活动的影响，已经使得珊瑚礁海域这些美丽的生物数量减少，许多面临灭绝的危险。

自 1998 年以来，因为人类活动和气候变化的影响，珊瑚礁出现了全球性衰退，占总面积 54% 的珊瑚礁已经受到了中等以上程度的破坏，占总面积 61% 的珊瑚礁正面临着人类活动中等以上程度的威胁。这还仅仅是人类活动的影响，若是加上全球气候变化的影响，这个比例将会更高。回顾过去的几十年，全球的珊瑚覆盖率已经发生了剧烈变化，其中西大西洋下降了 53%，印度 – 太平洋下降了 40%，大堡礁下降了 50%。从全球角度来看，东南亚地区的珊瑚礁衰退问题最为严重，保护和恢复珊瑚礁生态平衡已经刻不容缓。

珊瑚礁保护应对方法

食物链中的每一个环节都很重要，只有尊重生态系统的完整性，才能进行有效的保护。我们不能人为地敲除食物链中的任何一部分，而只能人为地弥补人类活动伤害的那一部分。

有研究表明，改变流过珊瑚礁表面海水的化学成分能够使珊瑚礁回到工业革命前的状态，能够帮助维持珊瑚礁生态系统的稳定性。

国外研究者在为期 15 天的试验中，往海水中添加碱性溶液，降低海水的酸性，这使得珊瑚礁的状态更加接近几百年前了。当水的酸性较弱时，珊瑚可以更好地生长，由此发现海水酸化是造成珊瑚生长缓慢的原因。

大幅度削减二氧化碳的排放是持久保护珊瑚礁的好方法。

为了让全世界的人们认识到珊瑚礁对于人类的重要性以及保护珊瑚礁的迫切性，在 2016 年，第 31 届 ICRI（国际珊瑚礁学会）大会在巴黎召开，会议建议把 2018 年定为国际珊瑚礁年，同时还建议各国应该通过相关组织采取积极行动，以应对珊瑚礁衰退、全球珊瑚白化事件等珊瑚礁健康问题。

在我国，一些珊瑚礁研究实验中心、学院也借此契机相继成立。例如，广西大学在 2014 年成立了珊瑚礁研究中心和海洋学院，在 2016 年又成立了广西南海珊瑚礁研究重点实验室，以此为珊瑚礁的科学研究、保护等输送人才。

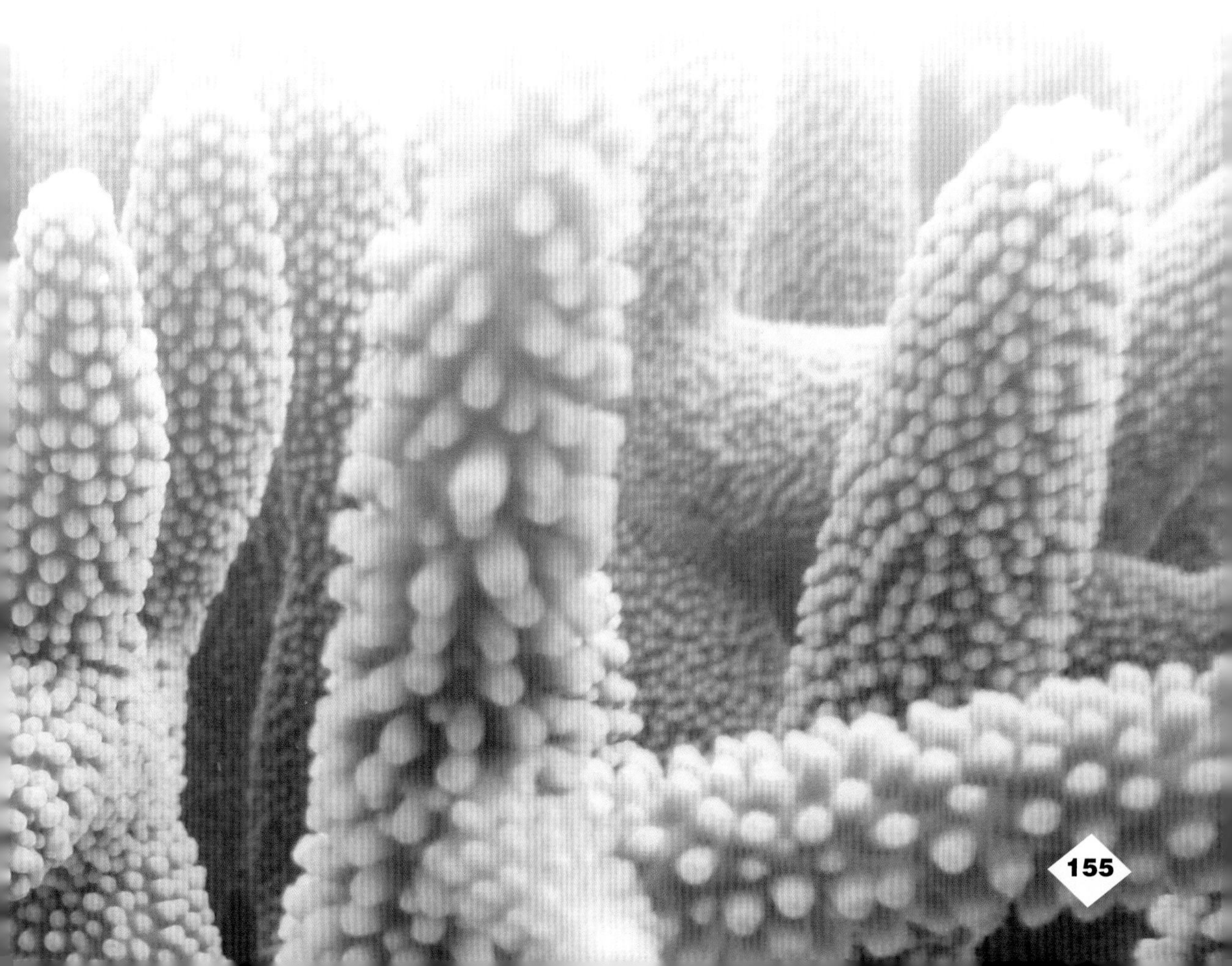

此外，无数奋战在环境保护和生态修复前线的科研人员，将自己的毕生心血花费在保护珊瑚礁、保护海洋这一伟大事业当中。

我们需要更多的像你我一样的普通人去认识珊瑚礁、了解珊瑚礁、热爱珊瑚礁，从我做起，从身边做起，一起去为保护珊瑚礁贡献自己的一分力量。

If we can't save this ecosystem, will we have the courage to save the next ecosystem down the line? Or can we just sort of live in the ashes of all of that?

当我们的目光流连在美丽富饶的珊瑚礁之时，我们时常能感受到自然的鬼斧神工和生命的绚丽多彩，可是，如果映入眼帘的都是死气沉沉和满目疮痍呢？人类的伟大或许不在于最终拥有征服自然的能力，而在于人们始终热爱自己的家园，有能力保护自己的家园，保护一同生活在这个蓝色家园的伙伴们。毕竟，即使有另一个星球供人类生存，它依旧不是现在的这个地球。

绚丽的珊瑚礁家园

图书在版编目（CIP）数据

珊瑚礁里的食物链 / 李秀保主编. — 青岛 ：中国海洋大学出版社，2019.12
（珊瑚礁里的秘密科普丛书 / 黄晖总主编）
ISBN 978-7-5670-1812-9

Ⅰ. ①珊… Ⅱ. ①李… Ⅲ. ①海洋生物－食物链－青少年读物 Ⅳ. ①Q178.53-49

中国版本图书馆CIP数据核字(2019)第289714号

珊瑚礁里的食物链

出 版 人	杨立敏		
出版发行	中国海洋大学出版社		
社　　址	青岛市香港东路23号	邮政编码	266071
网　　址	http://pub.ouc.edu.cn	订购电话	0532-82032573（传真）
项目统筹	邓志科	电　　话	0532-85901040
责任编辑	董　超	电子信箱	465407097@qq.com
印　　制	青岛海蓝印刷有限责任公司	成品尺寸	185 mm × 225 mm
版　　次	2019年12月第1版	印　　张	10.75
印　　次	2019年12月第1次印刷	字　　数	139千
印　　数	1～10000	定　　价	29.80元

发现印装质量问题，请致电 0532-88786655，由印刷厂负责调换。